高等职业教育建筑装饰专业系列教材

建筑装饰 BIM 操作教程 Revit 2018

范文东　主　编

刘彦虎　畅二军　副主编

刘培珺　主审

科学出版社

北　京

内 容 简 介

本书分为基础入门篇和专业实践篇两部分，共13章。书中没有大篇幅展开讲解Revit基本功能用法，而将重点放在BIM建模与族的应用部分，从各种背景墙、装饰柱、干挂石材、吊顶、复杂地面拼花零件创建，到各种室内家具构件族建模，系统地给读者展示了Revit装饰建模技术，将内容集中在装饰专业范围内。

本书涉及二维族、二点五维族、三维族的操作技巧，全面阐述了模型生成施工图的过程及导出CAD文件、打印PDF文件等。通过本书内容的学习，能对装饰BIM技术有一个系统的掌握。

本书可以作为本科及高职高专院校装饰相关专业课程的配套教材，也可以作为相关专业技术人员和自学者的学习用书。

图书在版编目（CIP）数据

建筑装饰BIM操作教程Revit 2018 / 范文东主编.—北京：科学出版社，2020.9
（高等职业教育建筑装饰专业系列教材）
ISBN 978-7-03-065622-3

Ⅰ.①建…　Ⅱ.①范…　Ⅲ.①建筑装饰-建筑设计-计算机辅助设计-应用软件-高等职业教育-教材　Ⅳ.①TU238-39

中国版本图书馆CIP数据核字（2020）第121591号

责任编辑：万瑞达 / 责任校对：王　颖
责任印制：吕春珉 / 封面设计：曹　来

科 学 出 版 社 出版
北京东黄城根北街16号
邮政编码：100717
http://www.sciencep.com

新科印刷有限公司　印刷

科学出版社发行　各地新华书店经销
*
2020年9月第 一 版　　开本：787×1092　1/16
2021年8月第二次印刷　　印张：19 3/4
字数：480 000
定价：52.00元
（如有印装质量问题，我社负责调换〈新科〉）
销售部电话 010-62136230　编辑部电话 010-62130874（VA03）

版权所有，侵权必究

举报电话：010-64030229；010-64034315；13501151303

前　言

　　近年来，建筑信息模型（BIM）技术发展较快，BIM技术在我国建筑及装饰工程领域得到了大力的推广与广泛的应用，同时教育部在《国家职业教育改革实施方案》和《关于在院校实施"学历证书＋若干职业等级证书"制度试点方案》中推出了"1+X"建筑信息模型（BIM）职业技能等级证书考试制度，可以看出，BIM技术的应用已是大势所趋。从我国BIM技术的应用来看，BIM技术的应用还不是特别广泛，还有很大的发展空间，但BIM技术的优势预示着其将很快取代二维出图的传统软件观念及技术，所以我们要顺势而为，加入BIM技术学习与应用中。无论国内还是国外，装饰BIM技术的应用都还远不成熟，对其应用开发甚少，尤其是此类书籍不多，学习起来难度很大，但作为BIM技术的主打软件Revit在装饰工程领域的应用前景广阔，有很大的发展空间。

　　本书从Revit建模及建筑装饰施工图应用角度对BIM技术的应用作了介绍分析。本书编写以山西某酒店大堂空间为典型样板，提供给读者一个BIM建模工作流程的样例，依次完成各分部分项工程模型的创建。全书共13章，具体编写分工如下：第4章～第7章和第10章、第11章由山西建筑职业技术学院范文东编写，第3章、第8章由山西小鲶余科技有限公司刘彦虎编写，第2章、第9章由鑫语空间设计有限公司畅二军、侯志杰编写，第1章、第12章由山西建筑职业技术学院刘双英编写，第13章由山西建筑职业技术学院金薇编写。本书由山西建筑职业技术学院范文东担任主编，金螳螂企业苏州慧筑信息科技有限公司刘培珺担任主审。

　　本书在编写过程中，参考和借鉴了大量专业文献，汲取了行业专家的经验，在此向这部分文献的作者表达衷心的感谢！

　　由于编者水平有限，时间紧张，本书难免有不妥之处，衷心期望各位读者批评指正。

编　者

目 录

第一部分 基础入门篇

第1章 Revit建模基础操作入门 ……3
- 1.1 基础操作 ……3
  - 1.1.1 项目、族、样板的概念 ……3
  - 1.1.2 项目编辑界面介绍 ……5
  - 1.1.3 Revit软件常见设置 ……9
  - 1.1.4 打开、新建和保存项目 ……12
- 1.2 模型的查看 ……13
  - 1.2.1 视图窗口及显示方式 ……13
  - 1.2.2 隐藏图元或类别 ……16
  - 1.2.3 模型操控 ……20
- 1.3 模型的选择 ……21
- 1.4 线的绘制 ……23
- 1.5 常规修改操作 ……25
  - 1.5.1 临时尺寸标注与控制柄 ……25
  - 1.5.2 对象的基本编辑 ……27
  - 1.5.3 设置工作平面 ……30
- 1.6 出图准备 ……33
- 1.7 阶段 ……42

第2章 建筑墙体和柱创建 ··· 51

- 2.1 墙体建模 ··· 51
- 2.2 柱体建模 ··· 58
- 2.3 墙体装饰建模 ··· 63
  - 2.3.1 墙细部构造建模 ··· 63
  - 2.3.2 墙面铺贴建模 ··· 68
  - 2.3.3 装饰背景墙族建模 ··· 80
  - 2.3.4 自定义表面填充图案 ··· 85
- 2.4 幕墙建模 ··· 92

第3章 天花吊顶创建 ··· 99

- 3.1 灯槽建模 ··· 99
- 3.2 造型顶棚建模 ··· 102
  - 3.2.1 拱形天花板建模 ··· 102
  - 3.2.2 穹顶天花板建模 ··· 104
  - 3.2.3 整体式天花板建模 ··· 108
  - 3.2.4 木格栅天花建模 ··· 110
  - 3.2.5 框格吊顶建模 ··· 112
- 3.3 其他构配件建模 ··· 119
  - 3.3.1 射灯建模 ··· 119
  - 3.3.2 空调风口建模 ··· 121
  - 3.3.3 钢龙骨族建模 ··· 124

第4章 楼地面拼花创建 ··· 136

- 4.1 零件 ··· 136
- 4.2 地面拼花建模 ··· 139
- 4.3 楼板面层拼花建模 ··· 143

第5章 门窗创建 ··· 145

- 5.1 门族建模 ··· 145
- 5.2 百叶窗建模 ··· 153
- 5.3 花格窗创建 ··· 157

第6章 家具布置 ··· 163

- 6.1 平面家具 ··· 163

6.1.1 CAD线转详图线 ... 163
  6.1.2 平面家具图例注释 ... 166
  6.1.3 注释记号 ... 168
  6.1.4 洁具布置 ... 172
 6.2 家具建模 ... 176
  6.2.1 总服务台建模 ... 176
  6.2.2 餐桌建模 ... 181
  6.2.3 单人沙发建模 ... 188
 6.3 其他模型 ... 195

第二部分　专业实践篇

第7章　地面拼花图 ... 203
 7.1 地面图纸创建 ... 203
 7.2 地面材质标记 ... 206

第8章　天花布置图 ... 212
 8.1 吊顶天花图纸生成 ... 212
 8.2 天花尺寸及材质标记 ... 215

第9章　立面图 ... 223
 9.1 立面图纸生成 ... 223
 9.2 立面图纸标记 ... 229
 9.3 立面图纸深化 ... 234

第10章　详图 ... 241
 10.1 详图创建方法一 ... 241
 10.2 详图创建方法二 ... 245
 10.3 详图创建方法三 ... 246

第11章　材质 ... 248
 11.1 Revit材质应用 ... 248
  11.1.1 材质添加途径 ... 248
  11.1.2 材料属性 ... 251

  11.1.3 应用对象 ··· 252
 11.2 Revit材质创建与编辑 ·· 252
  11.2.1 添加到材质列表 ··· 252
  11.2.2 添加材质资源 ·· 254
  11.2.3 替换材质资源 ·· 256
  11.2.4 删除材质 ·· 257
 11.3 详解材质面板参数 ·· 258
 11.4 案例材质详解 ··· 262

第12章 输出与打印 ··· 267
 12.1 导出CAD文件 ·· 267
 12.2 打印PDF文件 ··· 273
  12.2.1 打印黑白线稿施工图 ·· 273
  12.2.2 打印彩色平面图 ··· 276

第13章 体量 ·· 279
 13.1 体量创建 ··· 279
  13.1.1 相关概念 ·· 279
  13.1.2 体量创建方法 ·· 280
 13.2 体量基本形状的创建 ·· 287
 13.3 体量曲面 ··· 288
 13.4 体量研究 ··· 292
  13.4.1 创建体量楼层 ·· 292
  13.4.2 体量楼层明细表 ··· 293
  13.4.3 面模型应用 ··· 294
 13.5 有理化表面、手动放置自适应填充图案 ··· 296

参考文献 ··· 306

附录 Revit常用快捷键 ··· 307

第一部分 基础入门篇

第 1 章 Revit 建模基础操作入门

教学导入

本章主要内容是认识 Revit 软件操作界面及软件操作基础。其中，1.1 节主要介绍 Revit 软件基本操作命令；1.2 节和 1.3 节主要介绍 Revit 模型的查看和选择方法；1.4 节主要介绍线的绘制；1.5 节介绍 Revit 软件的常规修改操作；1.6 节主要介绍出图准备；1.7 节介绍阶段化流程与运用。这些内容都是 Revit 软件操作的基础，只有掌握了基本的操作，才能更加灵活地操作软件，创建和编辑各种复杂的模型。

学习要点

Revit 基本界面

Revit 基本功能

Revit 基本术语

Revit 基本操作命令

阶段化

1.1 基础操作

1.1.1 项目、族、样板的概念

1．文档缩略图

打开 Revit 软件，主体视图中央为"最近使用的文件"界面，显示的是软件最近打开文档的缩略图，单击可以快速打开最近编辑的文件，如图 1-1 所示。当初次使用软件时，这里将显示软件自带的案例文件。

项目、族、样板的概念

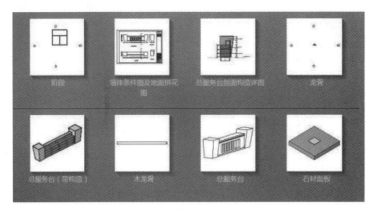

图 1-1

2．新建和打开

在"最近使用的文件"界面的左边,是"新建"或"打开"文件的快捷方式,如图1-2所示。新建或打开文件也可以通过单击界面左上角 Revit 图标的方式来完成(图1-3),但通过快捷方式操作可提高工作效率。

图 1-2

图 1-3

3. "项目"和"族"的含义

观察图 1-2 可知,系统用分割线划分了"项目"和"族"两部分内容。

在 Revit 软件中,"项目"可以理解为一个虚拟的工程项目,即建筑信息模型,"项目"文件包括了建筑设计的所有信息,如模型、视图、图纸等,"项目"文件名以 rvt 为扩展名。

"族"可以理解为组成"项目"的基本图元组。"项目"文件中用于构成模型的墙、屋顶、门窗,以及用于记录该模型的详图索引、标记等内容,都是通过"族"创建的。"族"文件名以 rfa 为扩展名。

4. "样板"的含义

当新建一个"项目"或者"族"的时候,系统会弹出"样板文件"的选择面板,如图 1-4 所示。Revit 样板文件的理念类似于 CAD 软件中的样板文件,用以定义"项目"或者"族"的初始状态,其中,"项目"的"样板"文件名以 rte 为扩展名,"族"的"样板"文件名以 rft 为扩展名。

图 1-4

不同项目样板建立的项目,将在度量单位、标注样式、文字样式、标题栏、明细表、视图等处有所差异,如图 1-5 所示。在项目的制作过程中,可以修改和添加这些内容,使它们满足现行建筑设计标准规范的要求和企业定制的需要。在项目开始前选择一个合适的样板将省去很多设置过程,大大提高工作效率。

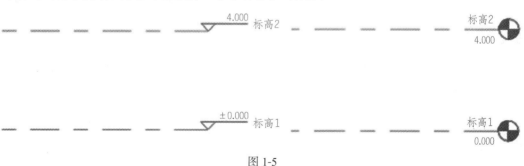

图 1-5

1.1.2 项目编辑界面介绍

在 Revit 软件中,项目编辑界面如图 1-6 所示。

项目编辑界面介绍

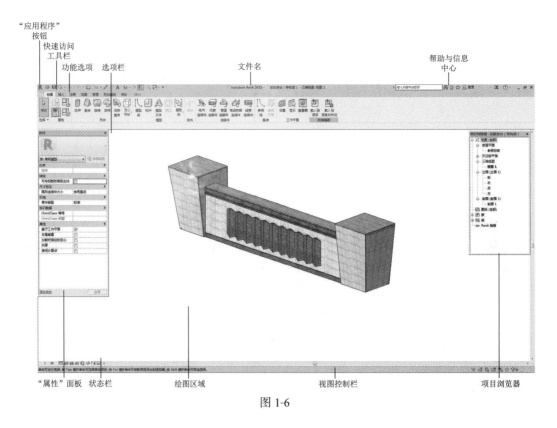

图 1-6

1．应用程序菜单

"应用程序菜单"按钮提供常用文件操作命令（如"新建""打开""保存"等），如图 1-3 所示。"应用程序菜单"按钮还允许使用更高级的工具（如"导出""发布"等）来管理文件。要查看每个菜单的选项，可单击其右侧的箭头，然后在列表中单击所需的选项。

2．快速访问工具栏

快速访问工具栏包含一组常用工具，以方便用户快捷选取，如图 1-7 所示。用户可以对快速访问工具栏进行自定义，使其显示使用频率最高的工具。

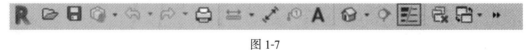

图 1-7

3．功能选项卡和上下文选项卡

功能区提供创建项目所需的全部工具，其由不同的选项卡构成，而每个选项卡又由若干个面板组成，如图 1-8 所示。

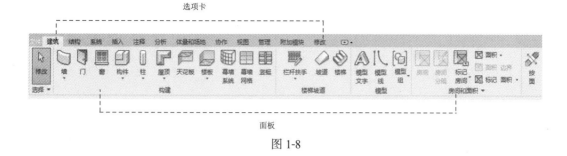

图 1-8

若面板标题名称后有箭头,则表示该面板可以展开并显示相关的工具,或者可以打开设置对话框。

在激活了某些工具、命令或者选择图元时,功能选项卡最右侧将出现上下文选项卡。上下文选项卡的标题栏呈现淡绿色,该选项卡显示了与该工具、命令或图元相关的工具。退出该工具、命令或清除选择时,该选项卡将关闭,如图 1-9 所示。

图 1-9

4.选项栏

在出现上下文选项卡的同时,系统会激活选项卡下方的选项栏,选项栏中会出现相应补充工具或选项,如图 1-10 所示。

图 1-10

5.绘图区域

绘图区域用于显示当前项目的视图、图纸或明细表,如图 1-6 所示。

6."属性"面板和"项目浏览器"

"属性"面板和"项目浏览器"位于绘图区域侧边。

通过"属性"面板可以查看和修改已选定图元的属性或参数,如图 1-11 所示。当绘图区域中没有图元被选择时,"属性"面板呈现的是活动视图的属性。

"项目浏览器"用于显示当前项目中所有视图、明细表、图纸、组和其他部分的逻辑层次,如图 1-12 所示。

图 1-11

图 1-12

7. 视图控制栏

视图控制栏可以设置当前视图的显示状态,如视图比例、详细程度和视觉样式等,如图 1-13 所示。

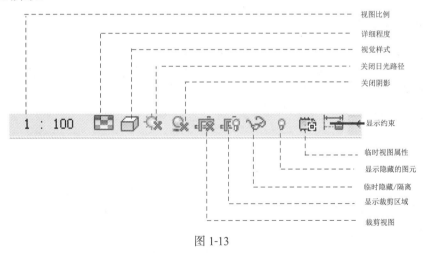

图 1-13

8. 状态栏

状态栏位于界面最下方,提供有关要执行的操作的提示,绘图区域高亮显示图元或构件时,状态栏会显示族和类型的名称,如图 1-14 所示。

图 1-14

9. 帮助与信息中心

帮助与信息中心是一个位于标题栏右侧的工具集，可让软件用户访问与产品相关的信息源，如图 1-15 所示。

图 1-15

1.1.3 Revit 软件常见设置

软件常见设置

1．自定义快速访问工具栏

Revit 软件的命令通常位于功能选项卡中，选择命令时需要先切换到相应选项卡，再选择命令。为提高建模效率，用户可以先把使用频次较高的命令放置在快速访问工具栏。

要将命令添加到快速访问工具栏中，可在选项卡内找到需要添加的命令，在该命令上右击，然后单击"添加到快速访问工具栏"，如图 1-16 所示。

要从快速访问工具栏中删除某命令，可在快速访问工具栏中找到该命令，在该命令上右击，选择"从快速访问工具栏中删除"，如图 1-17 所示。

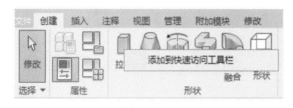

图 1-16

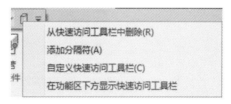

图 1-17

在图 1-17 中单击"自定义快速访问工具栏"，系统将弹出"自定义快速访问工具栏"对话框，如图 1-18 所示。用户可对快速访问工具栏做更精细的设置，如调整命令顺序、用分隔符进行分组等。

2．自定义功能选项卡

功能选项卡由若干面板组成，拖曳面板的标题，可将该面板从选项卡中取出或放置在选项卡其他位置。

单击功能选项卡最右边的"▼"按钮，可将选项卡叠起或展开。

图 1-18

Revit 软件可完成建筑、结构、机电等多专业的建模工作，不同专业的命令集中在不同的选项卡中，用户可以根据自己的需要，将不需要的选项卡隐藏：单击"应用程序菜单"→"选项"按钮，在弹出的"选项"对话框中，打开"用户界面"面板，可在"工具和分析"选项区域中取消勾选不常用的选项卡，如图 1-19 所示。

3. 绘图区域背景颜色

绘图区域默认的背景颜色为白色，单击"应用程序菜单"→"选项"按钮，在弹出的"选项"对话框中，打开"图形"面板，在"颜色"选项区域勾选"反转背景色"，如图 1-20 所示，可以将绘图区域的背景颜色设为黑色。

图 1-19

图 1-20

4. "属性"面板与"项目浏览器"面板的位置

若不小心关闭了"属性"面板和"项目浏览器"面板，可在"视图"选项卡→"窗口"面板→"用户界面"下拉列表中通过勾选的方式将其重新显示在软件界面中，如图 1-21 所示。

图 1-21

Revit 软件安装完成后,"属性"面板与"项目浏览器"面板默认处于绘图区域左侧。用户可以通过拖曳面板的标题栏自定义它们的位置。在使用宽屏显示屏时,通常将"项目浏览器"面板拖放至绘图区域右侧,使二者显示的面积增大以方便操作,如图 1-6 所示。

5. 自定义快捷键

使用命令的键盘快捷方式也是提高工作效率的方式之一。要查看某一命令的快捷键,可将鼠标指针移至该命令上方并停留一段时间,系统将弹出该命令的相关说明,其中命令名称后方括号里显示的即为快捷键。如图 1-22 所示,"墙"的默认快捷键为 <WA>。

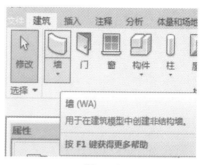

图 1-22

用户可以按照如下方式修改或添加命令的快捷键:单击"视图"选项卡→"窗口"面板→"用户界面"下拉列表→"快捷键"命令,在弹出的"快捷键"对话框中,使用搜索字段功能或直接在列表中选择该命令,选中命令后,在对话框下方的"按新键"文本框中输入自定义的快捷键,然后单击"指定"按钮,将其指定给该命令作为其快捷键,如图 1-23 所示。

图 1-23

"快捷键"对话框中的"导入"与"导出"命令可帮助用户将快捷键习惯进行设置、保存并载入到别的计算机中。

1.1.4 打开、新建和保存项目

打开、新建和保存项目

1. 打开文件

双击扩展名为"rvt"或"rfa"文件的图标,即可打开该"项目"或"族"文件。

打开 Revit 软件后,单击"应用程序菜单"按钮,选择"打开"命令或输入快捷键 <Ctrl+O>,系统将弹出"打开"对话框,即可浏览并打开所需文件。

2. 新建项目文件

打开 Revit 软件后,单击"应用程序菜单"按钮,选择"新建"→"项目"命令(图1-24)或输入快捷键 <Ctrl+N>,系统将弹出"新建项目"对话框,即可新建一个项目。

新建项目的第一步都需要选择项目样板,并应明确是新建"项目"还是新建"项目样板",如图 1-25 所示。选择新建"项目"后,系统将进入项目编辑界面,以供用户开始创建模型。

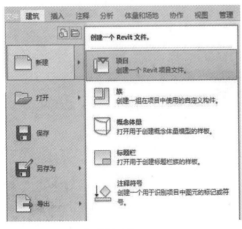

图 1-24

图 1-25

3. 新建族文件

打开 Revit 软件后,单击"应用程序菜单"按钮,选择"新建"→"族"命令,系统将弹出"新族-选择样板文件"对话框,用户可以创建一个新族。在创建族文件之前应先选择合适的"族样板"。

4. 保存文件

文件在经过编辑后,必须进行保存。单击"应用程序菜单"按钮,选择"保存"命

令或输入快捷键<Ctrl+S>，即可将文件保存到原位置。

单击"应用程序菜单"按钮，选择"另存为"命令，可将项目文件保存在其他位置，或以项目样板的格式保存。

在"另存为"对话框中，单击"选项"按钮，系统弹出"文件保存选项"对话框，如图1-26所示，可以在"最大备份数"中对系统保留的备份文件数量进行调整，同时，在该对话框中还可以设置文件缩略图的样式等。

图1-26

5．关闭项目文件

关闭Revit软件时，项目文件将随之关闭。如果仅需关闭项目文件，可单击"应用程序菜单"按钮，选择"关闭"命令。

1.2 模型的查看

1.2.1 视图窗口及显示方式

1．打开视图窗口

在项目浏览器中双击"视图""图例""明细表/数量""图纸"等类别中的子项目，绘图区域中将打开相应视图。

2．关闭视图窗口

某个视图被打开后不会自动关闭，即使打开了其他视图，这个视图也会在后台保持打开状态。打开过多的视图会影响计算机的运行速度，因此通常应将不常用的视图关闭。要关闭当前视图，可单击视图右上角"×"按钮。

视图窗口及显示方式

单击"视图"选项卡→"窗口"面板→"关闭隐藏对象"按钮,如图 1-27 所示,可关闭除当前视图外其他全部视图。

3. 切换窗口

单击"视图"选项卡→"窗口"面板→"切换窗口"按钮,将显示已打开视图窗口的名称列表(图 1-28),通过单击这些视图名称,能快速切换指定窗口。

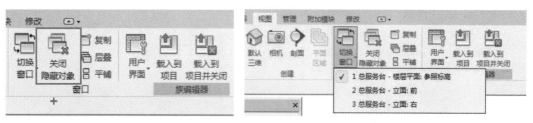

图 1-27　　　　　　　　　　图 1-28

另外,输入快捷键 <Ctrl+Tab>,能逐一循环切换已打开的视图窗口。

4. 层叠和平铺窗口

当需要结合多个视图对模型进行操作时,可单击"视图"选项卡→"窗口"面板→"平铺"按钮或输入快捷键 <WT>,系统将视图平铺,如图 1-29 所示。

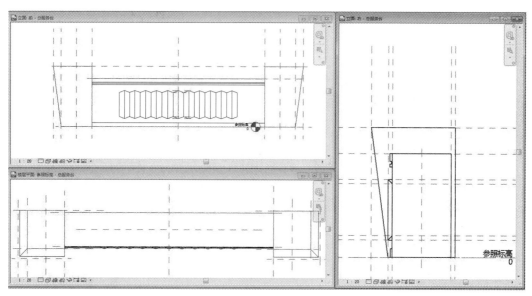

图 1-29

"平铺"按钮上方的"层叠"按钮,用于将已打开的视图层叠显示在绘图区域中(图 1-30),"层叠"命令的快捷键为 <WC>。

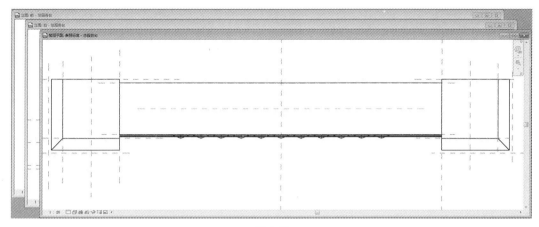

图 1-30

5. 复制窗口

如果同一视图的窗口不能同时显示若干处放大的局部，可以通过复制视图的方式解决。选中该视图，单击"视图"选项卡→"窗口"面板→"复制"按钮，该视图将在两个窗口同时显示，调整它们显示的内容到适当区域即可。

6. 视图比例

绘图区域下方的视图控制栏最左侧的比例图标可以控制模型的显示比例，如图 1-31 所示，此处提供了常用比例选项，如 1 ∶ 100、1 ∶ 200 等，以方便用户对比例进行修改，用户也可以选择"自定义"项对图纸比例进行自定义设置。

7. 粗细线模式

图纸中线的不同粗细表示了建筑不同的构造层次，但如果在编辑模型时图线的粗细影响了细节的修改，用户可以通过"视图"选项卡→"图形"面板→"细线"命令（快捷键 <TL>）将图线切换至细线模式，此时，无论视图如何缩放，所有图线都将保持同一宽度，如图 1-32 所示。

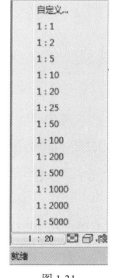

图 1-31

图 1-32

8. 详细程度

由于不同图纸对模型显示精度的要求不同，用户可以设置视图的"详细程度"来适应各种情况，如图 1-33 所示。"详细程度"按钮位于视图控制栏中，共有"粗略""中等""精细"三个选项。

9. 视觉样式

"视觉样式"按钮位于视图控制栏中，有"线框""隐藏线""着色""一致

图 1-33

的颜色""真实""光线追踪"六个选项,这些选项设置能影响模型的显示效果,同时会影响到计算机的运行速度,通常情况下"真实"和"光线追踪"模式中的模型更容易卡顿。图 1-34 所示为视觉样式的 4 种效果。

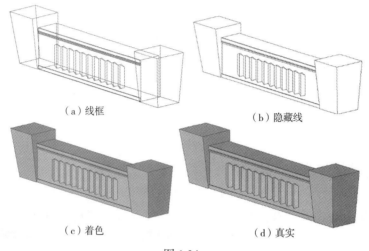

图 1-34

1.2.2 隐藏图元或类别

1. 临时隐藏与永久隐藏

隐藏图元或类别

在 Revit 软件中,隐藏分为临时隐藏和永久隐藏两类。临时隐藏通常用在模型的编辑与修改时,临时性的隐藏及取消操作较为快捷,并且在关闭项目文件后,临时隐藏状态不会被保留。当视图希望长期使某些图元不可见时,可将其进行永久隐藏。

当视图中有图元被临时隐藏时,视图周围将出现蓝色高亮框,如图 1-35 所示。永久隐藏不会出现高亮框提示。

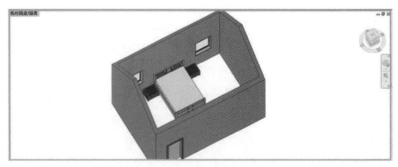

图 1-35

2．隐藏与隔离

设置临时隐藏/隔离主要依靠视图控制栏中"🕶"按钮来实现，单击该命令，将弹出一个选项面板，如图1-36所示，其中主要有四个选项，分别为"隔离类别""隐藏类别""隔离图元""隐藏图元"。

隐藏是指使所选的物体不可见，隔离是指让视图只显示所选择的物体，如图1-37所示。

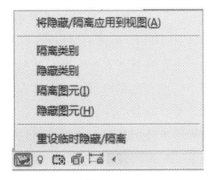

图1-36

（a）将床隐藏　　　　（b）将床隔离

图1-37

3．图元与类别

图元即图形元素，是Revit软件可以编辑的最小图形单位。在Revit软件中，图元是用于操作和组织画面的最基本素材。类别是图元的分类或分组，各图元归属于它们的类别，如墙体、家具、楼板、标高等。

如果需要隐藏的物体属于同一类别，例如都是家具，则不需要逐一选择全部家具并将它们隐藏，而仅需选择任一同类别图元，再选择"隐藏类别"选项即可，如图1-38所示。

（a）隐藏图元（隐藏床）　（b）隐藏类别（隐藏家具）

图1-38

在了解隔离与隐藏、类别与图元的区别后，视图控制栏中"🕶"按钮的"隔离类别""隐藏类别""隔离图元""隐藏图元"四个选项的作用也就明确了。

4．恢复显示与转为永久隐藏

要恢复临时隐藏的图元或类别，可单击视图控制栏中"🕶"按钮，选择"重设临时隐藏/隔离"选项，此时被隐藏的图元将重新出现在视图中，视图周围蓝色高亮框消失。

如果希望将已经临时隐藏的图元或类别转为永久隐藏，可单击视图控制栏中"🕶"按钮，选择"将隐藏/隔离应用到视图"选项，此时被临时隐藏的图元将永久隐藏，视图周围蓝色高亮框也将消失。

5. 永久隐藏与恢复

要直接将图元或类别进行永久隐藏，可选中它们，单击"修改"选项卡→"视图"面板→" "图标；或右击，在弹出的快捷菜单中选择"在视图中隐藏"选项，再根据需求选择"图元"或"类别"即可，如图1-39所示。

图元或类别永久隐藏后，视图周围不会出现高亮提示框。如需查看视图是否有隐藏的图元，可单击视图控制栏中" "按钮，进入"显示隐藏的图元"视图状态，此时，视图周围将出现红色高亮框，隐藏的图元和类别都出现在视图中，其轮廓将以红色高亮作为提示。

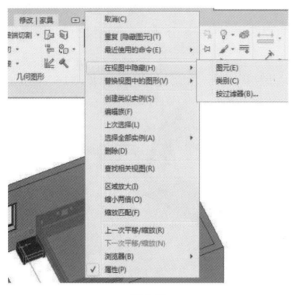

图 1-39

如需将已经隐藏的图元或类别恢复显示，则在"显示隐藏的图元"视图状态中，选择这些图元，单击"修改"选项卡→"显示隐藏的图元"面板→"取消隐藏图元"或"取消隐藏类别"按钮；或右击，在弹出的快捷菜单中选择"取消在视图中隐藏"选项，再选择"图元"或"类别"。操作完成后，图元将从红色高亮变为浅灰色显示，表明其已不是隐藏状态，如图1-40所示。

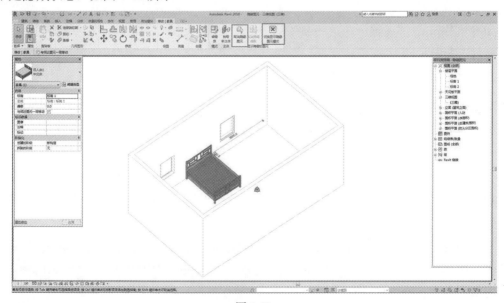

图 1-40

设置完毕后,单击"修改"选项卡→"显示隐藏的图元"面板→"切换显示隐藏图元模式"按钮,或单击视图控制栏中" "按钮,将视图切换回正常状态,此时红色高亮框消失,浅灰色图元恢复到原有显示状态,而红色高亮图元将继续被永久隐藏。

6. 按类别隐藏

单击"属性"面板中"可见性/图形替换"选项后的"编辑"按钮(图1-41),或输入快捷键<VV>,系统将弹出"三维视图:{三维}的可见性/图形替换"对话框,如图1-42所示。

图 1-41

图 1-42

在图1-42所示的对话框中,用户可以根据图元的类别,对模型在视图中的显示方式进行细致的设定,如线型、填充图案、详细程度等,按类别隐藏的图元,可取消类别名称前的勾选。

7. 半透明显示

除隐藏类别外,在图1-42所示对话框中还能对各类别的透明度进行调节,使其便于模型的编辑和显示,如图1-43所示。

调节透明度的方法是打开如图1-42所示对话框,在对话框中选中需要设置的类别,单击"透明度"列中的"替换..."按钮,在弹出的"表面"对话框中,拖动滑块设置其透明度,最后单击"确定"按钮完成设置,如图1-44所示。

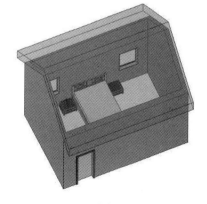

图 1-43

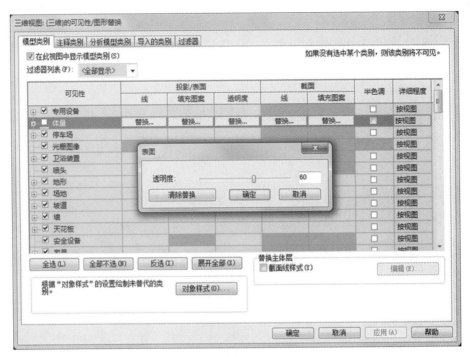

图 1-44

1.2.3 模型操控

模型操控

1．旋转

在三维视图下，同时按住 <Shift> 键 + 鼠标中键，即可旋转模型。

2．平移

按住鼠标中键，可将模型在视图中进行平移。

3．缩放

滑动鼠标中键的滚轮能控制视图的缩放；双击鼠标中键能将模型缩放匹配至视图可见范围内。

4．视立方

在三维视图中，绘图区域的右上角有一个立方体称为"视立方"，如图 1-45 所示，视立方的状态展示了当前模型的视点和方向。

视立方可用于在模型的标准视图和等轴测图之间进行切换。将鼠标指针放置到视立方上时，该工具变为活动状态。用户可以单击视立方上的面、角或者方向，将视图切换到预设情况。

5．控制盘

在绘图区域右上方如图 1-46 所示的面板称为导航栏，导航栏的上部是控制盘，单击控制盘，鼠标指针旁将跟随一个圆形控制盘，将鼠标指针悬浮于其功能块上方并单击，即可进行相应操作。

单击控制盘右下方的三角形按钮，可选择控制盘类型，如图 1-46 所示。

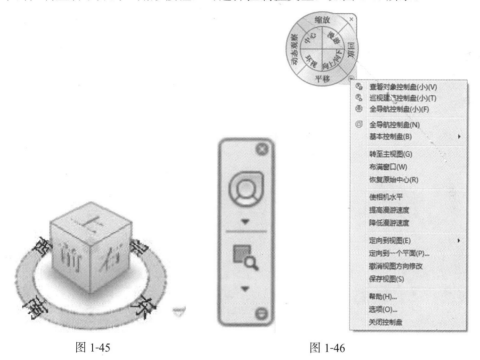

图 1-45　　　　　　　　　　　　图 1-46

6. 缩放设置

缩放选项位于导航栏下部，如图 1-46 所示。使用该工具可更改窗口的可视区域。

如果导航栏在视图中被隐藏，可在"视图"选项卡→"窗口"面板→"用户界面"下拉列表中勾选"导航栏"选项。

1.3　模型的选择

模型选择

1. 单选

将鼠标指针放置于图元上，当需要选择的图元的轮廓高亮显示时，单击即可。若整个图元高亮显示，则表示已经选择完成，如图1-47所示。

若高亮显示轮廓的图元并不是需要选择的图元，则可以按住 <Tab> 键进行切换。在状态栏中可以看见图元的名称，用以确认其是否是需要选择的图元。

2. 多选

选中一个图元，按住 <Ctrl> 键不放，可继续选择其他的图元，从而实现图元多选。

按住 <Shift> 键，再次单击选择过的图元，则可取消此图元。

鼠标在视图中自左上角到右下角拉出矩形框（实线框），能多选矩形框内所有完整图元（图元必须是全部在矩形框内，才能被选择上）。

鼠标在视图中自右下角到左上角拉出矩形框（虚线框），能多选矩形框内所有图元（图元任意一部分被框选，都能被选上）。

单选任意图元，右击，在弹出的快捷菜单中选择"选择全部实例"→"在整个项目中"选项，则可多选项目中所有与该图元一致的构件，如图 1-48 所示。

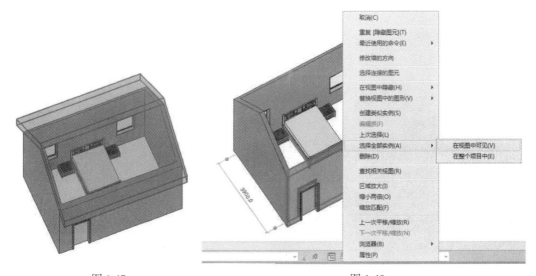

图 1-47　　　　　　　　　　　　　图 1-48

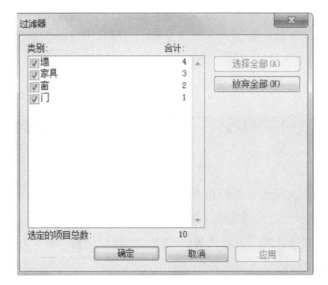

3．选择过滤

在多选了两个以上图元后，在"修改｜选择多个"上下文选项卡中将出现"选择"面板→"过滤器"命令，单击该命令系统将弹出"过滤器"对话框，如图 1-49 所示。在"过滤器"对话框中，可以按类别在当前的选择范围中查看图元数量，若要过滤掉不需要选择的类别，在该对话框中取消勾选需要放弃选择的图元类别即可。

图 1-49

4．选择设置

为方便用户更精确地选择图元，避免一些不必要的误选，Revit 软件提供了丰富的软件设置选项。用户可利用状态栏最右侧的相关按钮（图 1-50）对选择的方式进行更为深入的设置。

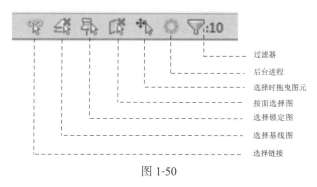

图 1-50

1.4 线的绘制

1．模型线命令

选择 Revit 软件自带建筑样板新建项目，在功能区单击"模型线"图标，即可激活"模型线"命令。该图标位于"建筑"选项卡→"模型"面板中。模型线的默认快捷键为<LI>。

线的绘制

2．直线绘制

激活"模型线"命令后，功能区出现"修改│放置 线"选项卡，如图 1-51 所示。单击"绘制"面板中的"直线"按钮，鼠标在绘图区域中变为"十"字形，即可在视图中绘制直线。

图 1-51

通过单击两端点创建直线。单击完第一点后，鼠标放在第二点方向处，键盘输入两点距离后按 <Enter> 键确认，可精确控制线段长度。

选择直线工具后，选项栏中将出现"链""偏移""半径"等选项，如图 1-52 所示。

绘制直线前可根据自己的需要提前设定。

图 1-52

当勾选了"链"时，线的绘制随着鼠标单击是连续的，反之则会另起一点开始新线段的绘制。

"偏移"可以控制线段距离鼠标单击处的距离。

绘制直线前，在选项栏中勾选"半径"并设置好半径值后，模型线在绘制时将自动生成圆角。

3．几何形体绘制

在"修改｜放置 线"选项卡→"绘制"面板中，使用"矩形"工具 ▭，通过单击两点生成矩形（图1-53）。单击"矩形"工具后，选项栏中的"偏移"和"半径"与直线绘制工具中的设置方法一致。

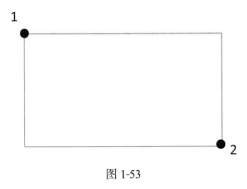

图 1-53

在"绘制"面板中，使用"内接多边形"按钮 和"外接多边形"按钮 ，通过单击两点创建多边形体。它们的区别从图标中可以看出，即内接与外接（图1-54）。选择了多边形工具后，应在选项栏中定义多边形的边数，设置完毕后即可进行绘制。

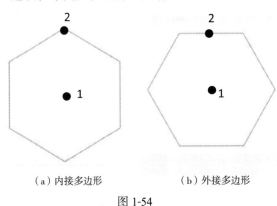

（a）内接多边形　　（b）外接多边形

图 1-54

在"绘制"面板中,"圆形"按钮 和"椭圆"按钮 分别用来绘制圆形和椭圆形。绘制圆形和椭圆形之前,应给定圆心和半径(图1-55)。

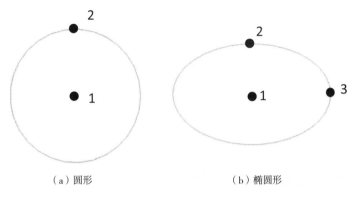

(a)圆形　　　　　　　　　(b)椭圆形

图1-55

4．曲线绘制

在"绘制"面板中,""""""""""""""等工具可用来创建曲线,它们的功能依次是：通过指定起点、终点和弧半径创建曲线；通过指定弧的中心点、起点和端点创建弧线；创建连接现有线一端的曲线；圆角工具；样条曲线；半椭圆。

5．拾取线

在"绘制"面板中,"拾取线"按钮 可以帮助用户通过拾取的方式绘制线条。该工具能拾取建筑模型中的各类线条,以及导入文件中的CAD线型等,能给绘制图案带来很大便利。

1.5 常规修改操作

1.5.1 临时尺寸标注与控制柄

1．临时尺寸标注

如图1-56所示,临时尺寸由尺寸线、标注数值和端点等内容组成。

临时尺寸标注与控制柄

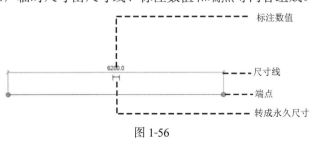

图1-56

临时尺寸根据端点位置的不同在作用上略有区别：如果尺寸的端点都在图元上，那么这一临时尺寸可以控制图元的尺寸；如果临时尺寸的端点一个位于本图元，另一个在其他图元上，那么其主要是用来控制这一图元与其他图元的距离或角度等内容，如图1-57所示。

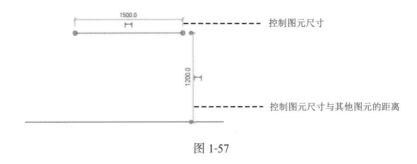

图 1-57

如果尺寸的端点不在所需要的位置，可以将其拖曳到所需的位置。

标注数值显示了临时尺寸的值，编辑临时尺寸的值可以驱动图元参数的改变：将鼠标放置于标注数值上，单击鼠标，标注数值周围将出现蓝色外框并进入编辑状态，修改数值后按<Enter>键，图元的大小、方向或距离等将随数值变化而改变。

当图元不在被选择状态时，临时尺寸标注将消失；单击"┠┨"符号，可以将临时尺寸标注变为永久尺寸标注。

2．控制柄

根据图元的类别、形状、位置等不同，图元附近会出现不同形态的控制柄。

图 1-58

通常，线段两端的蓝色实心端点可用来控制线段长度，通过鼠标拖曳，线段长度会随之改变，如图1-58所示。

选中曲线图元，会出现蓝色空心控制柄（图1-59），拖曳空心控制柄可以修改曲线的弧半径等内容。当蓝色空心控制柄与实心控制柄在位置上重合时，同样可通过<Tab>键进行切换。

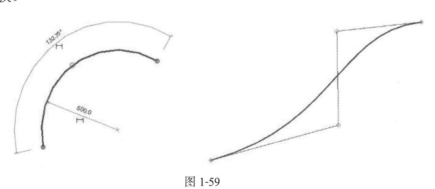

图 1-59

1.5.2 对象的基本编辑

对象的基本编辑命令位于"修改"选项板→"修改"面板中,如图 1-60 所示。

图 1-60

对象的基本编辑

1. 对齐

"对齐"命令可以将一个或多个图元与选定的图元对齐,在进行对齐操作时,应首先激活"对齐"命令,再单击基准图元的轮廓,最后单击需要对齐的图元轮廓,即可完成一次对齐操作。

如果要一次性对齐多个图元,激活"对齐"命令后,应在选项栏中勾选"多重对齐"选项。

2. 偏移

"偏移"命令用于将选定的图元复制或移动到其长度的垂直方向上的指定距离处。

在进行偏移操作时,应首先激活"偏移"命令,然后在选项栏里输入偏移的距离,接着选择需要偏移的图元即可。

向内或向外偏移可用空格键进行切换,偏移确认前会有淡蓝色虚线提示偏移后的位置所在。

如果偏移后要删除原有图元,偏移前应在选项栏中取消勾选"复制"选项。

3. 镜像

"镜像"命令用于反转选定的图元,如图 1-61 所示。

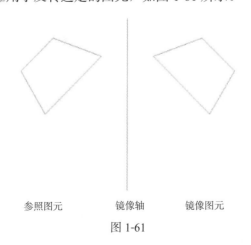

参照图元　　　镜像轴　　　镜像图元

图 1-61

如果镜像轴是绘图区域中已经存在的线，可先选择需要镜像的图元，再单击"镜像-拾取轴"命令，拾取已有线段作为镜像轴。

如果绘图区域没有可拾取的镜像轴，则应选择需要镜像的图元，再单击"镜像-绘制轴"命令，在绘图区域中手动绘制镜像轴。

4．移动

要移动图元，应选择该图元，单击"移动"命令，在绘图区域单击一点作为图元移动的起点，再单击另一点作为移动的终点。

在移动图元前，勾选选项栏中的"约束"选项，可使图元仅向垂直或水平方向移动。

5．复制

"复制"命令是建模过程中经常用到的编辑命令。要复制图元，应选择该图元，单击"复制"命令，在绘图区域单击一点作为参照起点，再单击另一点将复制图元放到该处。

如果要一次性复制多个图元，可在选项栏中勾选"多个"选项，这样可以连续复制同一图元到不同位置。

6．旋转

要旋转图元，应先选择该图元，单击"旋转"命令，此时被选择的图元的中央将出现默认的轴心，旋转轴心可以拖曳改变其位置。在确定好旋转轴心后，可在绘图区域单击一点作为旋转的起点，再单击另一点确定旋转的角度。

7．修剪与延伸

"修剪与延伸"命令多用于墙体或轮廓的编辑，包括"修剪/延伸为角"、"修剪/延伸单个图元"、"修剪/延伸多个图元"等命令。

要将两条轮廓线修剪或延伸为夹角，应确保它们不平行，单击"修剪/延伸为角"命令，然后依次单击两根轮廓线即可。延伸与修剪命令的使用效果区别如图1-62所示，其在使用流程上是一致的。

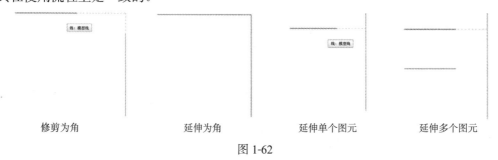

图 1-62

8．拆分

"拆分"命令可用于把整体的线在特定的位置打断。Revit软件中，拆分可分为直接拆分和有间隙拆分,其区别在于拆分后打断处是否留有间隙。

模型线不能进行有间隙拆分,要拆分模型线可直接单击"拆分图元"命令,当鼠标在绘图区域中变成刻刀形状时,单击模型线需要拆分的位置即可。

9. 阵列

"阵列"命令可用于按一定路径多重复制图元(图1-63和图1-64)。

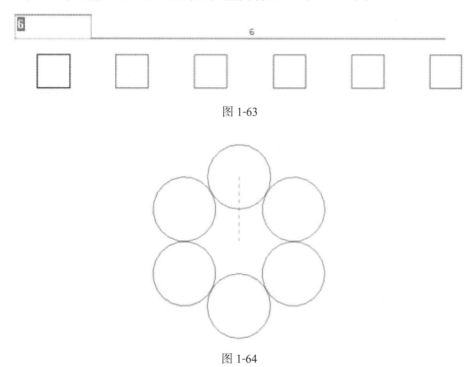

图 1-63

图 1-64

要执行阵列操作,应先选择需要阵列的图元,再单击"阵列"命令,并在选项栏中对阵列数量进行设置,接着在绘图区域单击第一点作为阵列基准点,再单击另一点作为阵列第二点或终点。

在选项栏中(图1-65),在"移动到:"后方点选"第二个",表示鼠标在绘图区域单击的两点距离是阵列中第一个图元和第二个图元之间的间距,其他后续图元将使用相同的间距;在"移动到:"后方点选"最后一个",表示鼠标单击的两点距离是阵列中第一个图元和最后一个图元的间距,所有剩余的图元将在它们之间以相等间隔分布。

图 1-65

在选项栏中勾选"成组并关联"选项,阵列出来的图元将一直保持等距、相关联的状态;如果未勾选"成组并关联"选项,阵列命令完成后,图元是相互独立的。

10. 缩放

"缩放"命令 主要用于对线、导入 dwg 文件等内容进行缩放。激活"缩放"命令后,在选项栏里可以选择以数值方式精确缩放,也可以用鼠标控制缩放的大小。

11. 锁定与解锁

为避免创建模型时对其他图元的误操作,可用"锁定"命令 将图元进行锁定。图元被锁定后,如果对其尝试进行编辑将弹出错误提示框,直至用"解锁"命令 将图元进行解锁。

12. 删除

建模过程中对多余的图元可按 <Delete> 键删除,也可以选中图元后单击"修改"面板中的"删除"命令 执行删除操作。

1.5.3 设置工作平面

设置工作平面

1. 工作平面

工作平面是绘制图元起始位置的虚拟二维平面(图 1-66)。要把图元绘制在三维空间的精确位置,就要先指定工作平面。

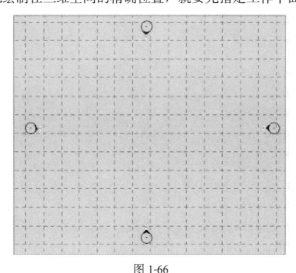

图 1-66

2. 指定工作平面

在某些视图(如平面视图、三维视图或绘图视图)中,工作平面是自动设置的,如在"1.4 线的绘制"中,自带样板打开后默认处于平面视图中,该视图已预先设置了"标高 1"作为工作平面,模型线将默认绘制在该平面中(图 1-67),因此,在绘制模型线时感觉不到工作平面的存在。

在其他视图(如立面视图或剖面视图)中,工作平面并未设置,单击"模型线"等命令后，系统将弹出"工作平面"对话框（图1-68），提示用户在绘制模型线前应先指定工作平面。

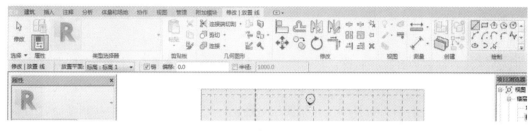

图1-67

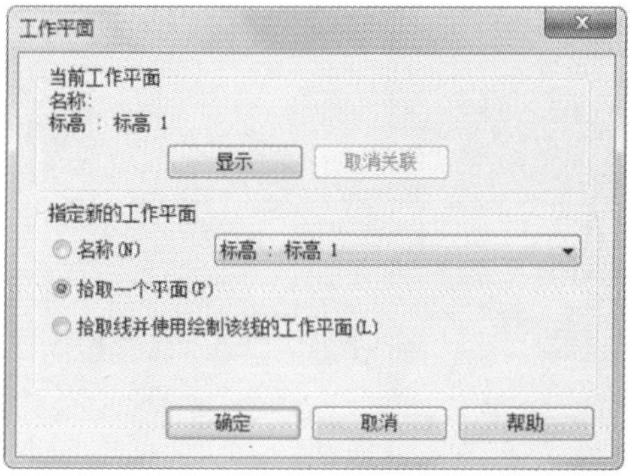

图1-68

要指定工作平面，可单击"建筑"选项卡→"工作平面"面板→"设置"命令，系统将弹出"工作平面"对话框。在"工作平面"对话框中，指定工作平面的方式有：按名称指定、拾取模型中已有平面、继承已有线的工作平面等几种，其中拾取模型中已有平面的方式较为常见。

拾取一个已有平面作为工作平面，其方法是在"工作平面"对话框中，选择"拾取一个平面"选项，然后单击"确定"按钮，对话框消失后，将鼠标放置在预选面上，待其轮廓蓝色高亮显示时单击鼠标完成指定，指定工作平面完成后可结合"显示工作平面"命令查看是否已经指定正确。

3．显示工作平面

工作平面通常是隐藏的，单击"建筑"选项卡→"工作平面"面板→"显示"命令后，可以在绘图区域中看见一个淡蓝色的平面（图1-69），即当前视图已指定的活动工作平面。

4．参照平面

在指定工作平面时，如果视图中没有可拾取的模型表面，则可以绘制一个虚拟的参照平面，再通过拾取或选择名称的方

图1-69

法设定它为工作平面。

绘制参照平面的命令图标 位于"建筑"选项卡→"工作平面"面板中,其快捷键为 <RP>,其绘制的方式与模型线的绘制方式相同。参照平面的线型为虚线,建模时也通常用来当作辅助线。

新绘制的参照平面没有名称,只有命名后才能在"工作平面"对话框中按名称找到该参照平面。要为参照平面命名,应选中该参照平面,在其"属性"面板中输入名称,如图 1-70 所示。命名后再打开"工作平面"对话框,可以在"名称"中找到新命名的参照平面并进行指定。

图 1-70

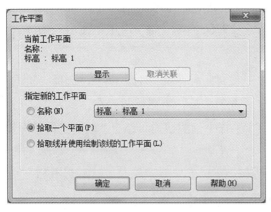

图 1-71

5. 修改工作平面

要更改已绘制图元的工作平面,可选中该图元,单击"修改"上下文选项卡→"工作平面"面板→"编辑工作平面"命令,系统弹出如图 1-71 所示"工作平面"对话框,在对话框中对工作平面重新设置即可。

如果是将重新拾取面作为工作平面,可直接选择"修改"上下文选项卡→"工作平面"面板→"拾取新的工作平面"命令,选择"放置"面板中的"面"或"工作平面"以后,再在绘图区域中用鼠标点选相应的平面即可。

1.6 出图准备

BIM 出图是在装饰 BIM 建模、BIM 构件信息录入完成后展开的工作。提取制作的企业标题栏、注释族、标记族，对系统自带的或构件资源库中已有且符合标准的构件图，可直接使用。根据 BIM 出图相关标准，调整好注释字体、文本字体、注释符号、标记符号、线宽/视图样板等基础参数。

1. 注释字体

《房屋建筑制图统一标准》（GB/T 50001—2017）等规范对图纸中的文字有相应的规定。在 Revit 软件中，为实现与二维制图统一，方便后期制图等设计的需求，应对文字字体、字高、宽度系数等参数进行相应设置。

（1）系统族文字设置。

注释文字属于系统族，注释文字的修改和创建需要在项目中进行，通过新建、重命名等方式进行文字的自定义设置。

单击"注释"选项卡→"文字"面板→"文字"命令，在"属性"面板中单击"编辑类型"按钮，如图 1-72 所示。

在弹出的"重命名"对话框中通过复制现有类型，将新建的文字类型命名为"XX项目_3.5_仿宋_0.7"，如图 1-73 所示。

图 1-72

图 1-73

新建文字类型属性参数设置如图 1-74 所示。

依据 BIM 出图相关标准，设置好的项目样板文字列表如图 1-75 所示。

图 1-74

图 1-75

（2）尺寸标注族文字设置。

Revit 软件提供了对齐、线性、角度、半径、弧长等不同形式的尺寸标注。所有的尺寸标注族都属于系统族，以线性尺寸标注为例，编辑其文字需要在尺寸标注族类型属性中进行，单击"注释"选项卡→"尺寸标注"面板→"线性"命令，在"属性"面板中选择需要的尺寸标注样式，再单击"编辑类型"按钮，系统弹出"类型属性"对话框，在"类型属性"对话框中对尺寸标注相关参数进行设置，如图 1-76～图 1-78 所示。

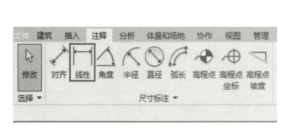

图 1-76

图 1-77

图 1-78

2．线型

依据 BIM 出图相关标准定制符合出图要求的线型，建议依据 Revit 软件线型与企业标准进行匹配，减少定制。在"管理"选项卡→"设置"面板→"其他设置"下拉菜单中选择"线型图案"选项，打开"线型图案"对话框，单击"新建"或"编辑"按钮，打开"线型图案属性"对话框，新建或编辑线型图案即可，如图 1-79 所示。

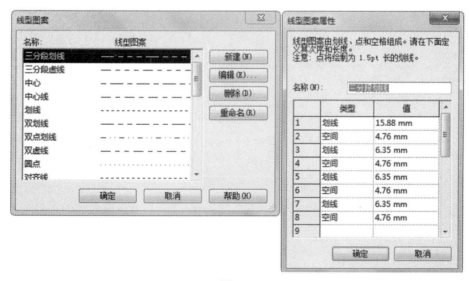

图 1-79

3．线宽

在"管理"选项卡→"设置"面板→"其他设置"下拉菜单中选择"线宽"选项，打开"线宽"对话框，如图1-80所示。图线的宽度b宜从1.4mm、1mm、0.7mm、0.35mm、0.25mm、0.18mm、0.13mm线宽系列中选取，图线宽度不应小于0.1mm，每个图样应根据复杂程度与比例大小，先选定基本线宽b，再选用表1-1中对应的线宽组。

图1-80

表1-1　线宽组

线宽比	线宽组 /mm			
b	1.4	1.0	0.7	0.5
$0.7b$	1	0.7	0.5	0.35
$0.5b$	0.7	0.5	0.35	0.25
$0.25b$	0.35	0.25	0.18	0.13

4．尺寸标注类型定制

在项目样板中，合理设置尺寸标注的属性，可在进行尺寸标注时方便快捷地选择统一的标注样式。

对于"对齐尺寸标注"和"线性尺寸标注"，只需要先设置其中的一种，另一种在标注时选择已设置好的标注样式即可。

单击"注释"选项卡→"尺寸标注"面板→"对齐"命令，在"属性"对话框中单击"编辑类型"按钮，打开"类型属性"对话框，通过设置类型属性中的参数，来设置对齐标注的外观样式，如图1-81所示。

在"类型属性"对话框中，主要参数表示的意义如图1-82所示。

图 1-81

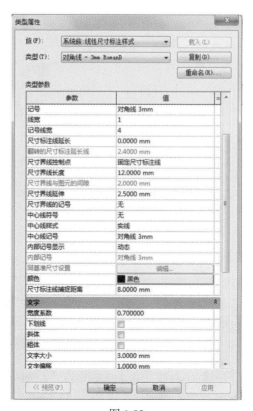

图 1-82

(1)"尺寸界线控制点"的设置。

"尺寸界线控制点"有两种方式:"固定尺寸标注"和"图元间隙"。当选择"固定尺寸标注"时,"尺寸界线长度"可设置;当选择"图元间隙"时,"尺寸界线长度"不可设置,为固定值。选择"图元间隙"时,尺寸界线与标注图元关系紧密,通常在施工图中应用该样式;选择"固定尺寸标注"时,尺寸界线长度统一,外观整齐,能减少尺寸界线对图元的干扰,通常在方案设计中仅标注轴网及大构件的尺寸的使用。

(2)标注的对象存在中心线时的设置。

当标注的对象存在中心线(如系统族中的墙体),并且标注了中心线时,"中心线符号"参数可以选择项目文件中载入的注释符号族,在中心线处尺寸界线的外侧添加相应的注释符号;"中心线样式"参数可单独设置中心线处尺寸界线的线样式;"中心线符号"参数可单独设置中心线处箭头的标记样式。

(3)"尺寸标注线捕捉距离"值的设置。

当标记多行尺寸时,后标注的尺寸可以自动捕捉与先标注的尺寸之间的距离,使其等于"尺寸标注线捕捉距离"所设定的值,从而用以控制各行尺寸间的间距。当后标注的尺寸拖动至距离先标注尺寸上或下设定距离值的位置时,将出现定位线。

(4)尺寸起止符号的设置。

根据尺寸起止符号的长度,尺寸标注可设置为不同的类型。Revit 软件中自带的项目样板,对尺寸标注的记号类型默认为斜短线,且其类型只有"对角线 –3mm RomanD"(图 1-83)。根据 CAD 中的尺寸标注样式,尺寸起止符号长度为 1.414mm,Revit 软件尺寸标注记号类型中没有"对角线 1.414mm",则需要在系统中添加,具体添加方法为:在"管理"选项卡→"设置"面板→"其他设置"下拉列表中选择"箭头"选项。在打开的"类型属性"对话框中,选择类型为"对角线 3mm",通过"复制"命令,新建"对角线 1.414mm",修改"记号尺寸"为"1.414mm",如图 1-84 所示。设置完成"对角线 1.414mm"记号后,即可在新建尺寸标注样式中,选择该记号。可用同样的方法设置其他类型的箭头。

根据《房屋建筑制图统一标准》(GB/T 50001—2017)的规定:图样上的尺寸,其尺寸界线应用细实线绘制,尺寸起止符号一般用中粗斜短线绘制,其倾斜方向应与尺寸界线成顺时针45°角,长度宜为 2～3mm;尺寸界线一端应离开图样轮廓线不小于 2mm,另一端宜超出尺寸线 2～3mm;平行排列的尺寸线的间距,宜为 7～10mm,并应保持一致。

在项目样板新建尺寸标注样式中,"记号"设置为"对角线 1.414mm","尺寸标注线延长"设置为"0mm","尺寸界线延伸"设置为"2.5mm","尺寸标注线捕捉距离"即为平行排列的尺寸线的间距,设置为"8mm"。

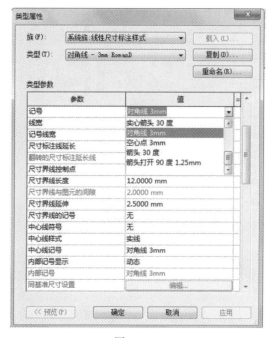
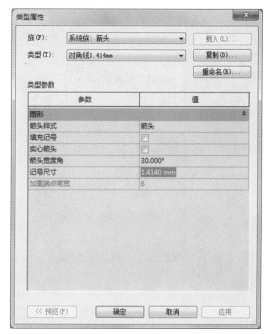

图 1-83　　　　　　　　　　　　　图 1-84

角度尺寸标注、径向尺寸标注、直径尺寸标注、弧长尺寸标注的设置方法参照前述对齐尺寸标注、线性尺寸标注的设置方法。

5．设置线样式

前面介绍了线型图案与线宽的设置。在实际项目应用中，若要应用上述设置成果，则必须通过线样式来应用。

在"管理"选项卡→"设置"面板→"其他设置"下拉菜单中，单击"线样式"按钮，系统将弹出"线样式"对话框。在该对话框中已经有了一些不可删除、不可重命名的基本线样式，如图 1-85 所示。在"线样式"对话框里编辑线宽（由模型对象的线宽来控制）、颜色和线型图案（可以选择所有已设置好的线型图案），并可单击"新建"按钮新建需要的新样式，并设置其线宽、颜色和线型图案。

6．设置对象样式

单击"管理"选项卡→"设置"面板中的"对象样式"按钮，系统将弹出"对象样式"对话框，可以对各种对象的线宽、颜色、线型图案和材质等进行设置，如图 1-86 所示。"对象样式"的设置是保证除线图元外其他图元外观样式的关键，前面介绍的"线宽"和"线型图案"设置成果均应用于此。展开类别及其子类别，可分别为模型对象、注释对象、分析模型对象、导入对象设置其线宽、颜色、线型图案及材质等。

图 1-85

图 1-86

7．设置填充样式 / 区域

填充样式主要控制模型图元在平面或其他视图中所显示的填充图案，其成果应用于填充区域或材质中，填充区域类似于 AutoCAD 中的填充，一般用于通过三维图元衍生所得到的图纸，进行一些二维方面的必要深化。

丰富的填充样式会给设计图纸的表达带来便利，因此在项目样板文件中，应设置好基本的填充样式。单击"管理"选项卡→"设置"面板→"其他设置"下拉菜单中的"填充样式"按钮，系统将弹出"填充样式"对话框，如图 1-87 所示。在该对话框中，可以看到 Revit 软件中的填充图案类型分为"绘图"和"模型"。若要绘制详图，使用绘图类填充图案类型即可。模型类的填充图案可以在填充平面中对齐、移动及旋转,并保持一定的尺寸规格。用户可以通过对话框中的"编辑"命令修改填充图案的参数,如图1-88所示。也可通过"新建"命令设置新的填充图案。

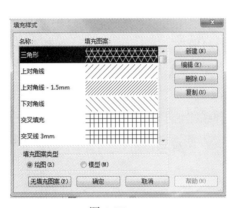

图1-87

图1-88

填充区域是绘制大样图时经常用到的二维图元,在项目样板文件中设置好填充样式后,就可以设置常用的填充区域。在"项目浏览器"中,展开"族>详图项目>填充区域"参数,以显示现有的填充区域类型,如图1-89所示。双击其中的一种类型,系统将弹出"类型属性"对话框,如图1-90所示。编辑当前的类型或者单击"复制"按钮,新建一种类型。在类型参数"填充样式"中选择对应的填充样式,并设置其他的类型参数。

图1-89

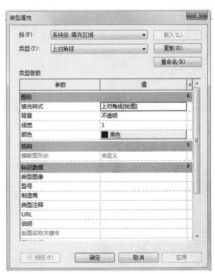

图1-90

1.7 阶　　段

1. 设置阶段

"阶段"代表了项目周期中的不同时间段。单击功能区"管理"选项卡→"阶段化"面板→"阶段"按钮，在弹出的"阶段化"对话框中可以看到项目文件中已经设置的阶段，如图 1-91 所示。在"阶段化"对话框"工程阶段"选项卡中，单击"在前面插入"或"在后面插入"按钮可以增加项目中的阶段；单击"与上一个合并"或"与下一个合并"按钮，可以减少项目中所设定的阶段；单击"阶段化"对话框"工程阶段"选项卡中相应阶段的"名称"，可对阶段的名称进行修改，并在"说明"处为其进行备注。

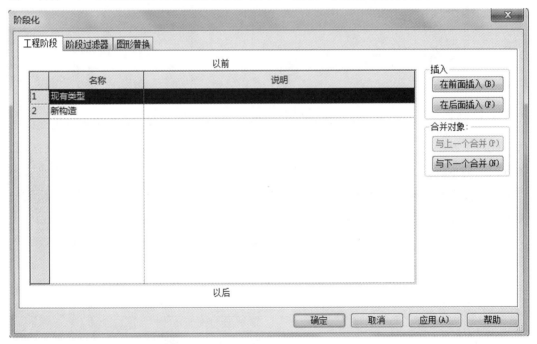

图 1-91

阶段的时间顺序遵循名称前的序号，序号为"1"代表了最早的阶段，往下依次类推。室内设计建模可以根据实际情况定义，如图 1-92 所示（为方便管理，大型项目可以划分得更细，小项目可以适当减少或不做阶段划分）。

2. 视图的阶段

定义好项目的阶段后，打开视图"属性"面板中的"阶段"选项，可以在下拉列表中查看到项目设置的阶段，选择相应的阶段名称可切换视图的阶段，表明该阶段是视图当前所在的时间段，如图 1-93 所示。

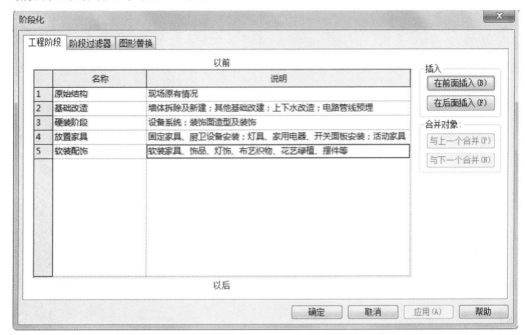

图 1-92

图 1-93

3．修改图元阶段

选中模型图元后，图元的"属性"面板下方都有"阶段化"的属性选项，如图1-94所示。图元的阶段化属性有两个：一个是"创建的阶段"，另一个是"拆除的阶段"（图1-94）。与施工实际类似，图元"创建的阶段"是指该图元修建、添加到项目时所处的工程阶段，"拆除的阶段"是指该图元拆除、搬离出项目时所处的工程阶段（图1-95）。

图 1-94

图 1-95

图元在创建时，系统会默认给定图元的阶段化属性："创建的阶段"与放置图元使用的视图"阶段"一致，"拆除的阶段"通常为"无"。

如果需要对图元的阶段化属性进行修改，应选中图元，在"属性"面板中通过选择的方式进行设置。应注意的是，图元一定都有"创建的阶段"，但如果不拆除的话，其"拆除的阶段"可以为"无"。

零件的阶段化属性通常随其原状态的图元而变化，如果要特别定义某一零件的属性，可取消勾选"原始创建的阶段"或"原始拆除的阶段"，再对阶段进行选择即可。

4．图元的状态

视图只能显示与其阶段相同或之前的图元，这意味着如果图元"创建的阶段"位于视图"阶段"之后，则在该视图中将无法查看到该图元。

根据视图的"阶段"和图元的"阶段"的属性关系，图元在视图中有"现有""已拆除""新建""临时"四种状态。

[情况一]"阶段过滤器：全部显示"+"阶段：原始结构"，如图1-96、图1-97所示。

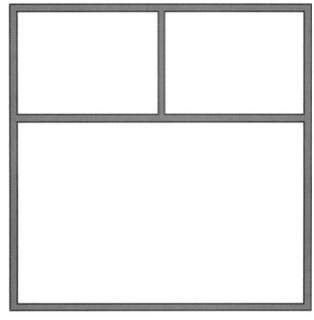

图 1-96　　　　　　　　　　　　　　　图 1-97

选择图1-98所示墙体，修改阶段如图1-99所示，"创建的阶段：原始结构"+"拆除的阶段：基础改造"，定义此段墙为拆除墙体。

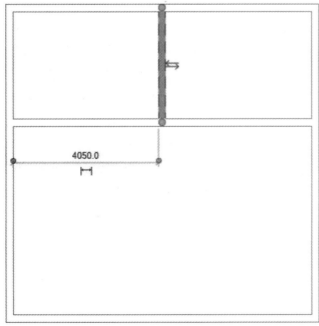

图 1-98　　　　　　　　　　　　　　　图 1-99

[情况二]"阶段过滤器:显示原有+拆除"+"阶段:基础改造",如图 1-100 所示,拆除墙体为虚线显示,其余墙体显示灰色,如图 1-101 所示。

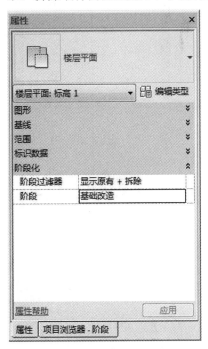

图 1-100

图 1-101

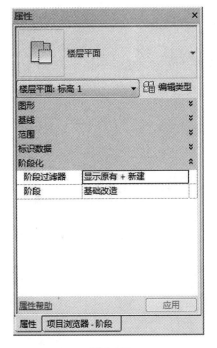

图 1-102

[情况三]"阶段过滤器:显示原有+新建","阶段:基础改造",如图 1-102、图 1-103 所示。单击"管理"选项卡→"阶段化"面板→"阶段"按钮,在弹出的"阶段化"对话框中,选择"阶段过滤器"选项卡,将"4 显示原有+新建"过滤器栏中的"新建"修改为"已替代";选择"图形替换"选项卡,将"新建"阶段状态栏中的"截面"填充图案修改为黑色,单击"应用"→"确定"按钮,退出设置,如图 1-104、图 1-105 所示。显示视图状态如图 1-106 所示,新建墙体黑色填充显示,其余墙显示灰色。

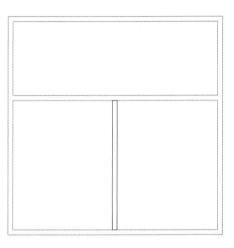

图 1-103

图 1-104

图 1-105

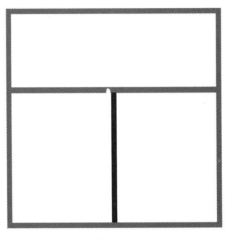

图 1-106

[情况四]"阶段过滤器：完全显示"+"阶段：基础改造"，如图 1-107、图 1-108 所示，全部显示黑色。

图 1-107

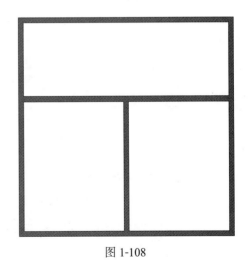

图 1-108

5. 图形替换

单击功能区"管理"选项卡→"阶段化"面板→"阶段"按钮，系统将弹出"阶段化"对话框，切换到"图形替换"选项卡，如图 1-109 所示。用户能对四种不同图元状态的材质、轮廓线型、内部填充图案和色调等视觉样式进行单独设置。这个修改不会影响到图元本身的材质特性。

图 1-109

6．阶段过滤器

在"阶段化"对话框中，对"图形替换"进行设置必须依靠视图的"阶段过滤器"才能发挥替换作用。"阶段过滤器"选项位于视图"属性"面板中，其下拉列表中的选项，对应"阶段化"对话框"阶段过滤器"选项卡中的各个过滤器，用户可以自行对过滤器进行删除、新建和修改。

每个过滤器由名称以及四种图元状态应显示的样式所组成。单击各状态样式下拉列表的按钮，内有"按类别""已替代""不显示"三种选项，如图 1-110 所示。若选择"按类别"选项，表明在此过滤器下，这一状态的图元仍按图元本身的材质和类别显示；若选择"已替代"选项，这一状态的图元将被"图形替换"面板中设定的线型、填充样式和材质等替代显示；若选择"不显示"选项，这一状态的图元将不可见。

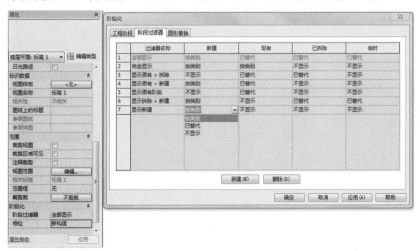

图 1-110

修改过滤器名称：可直接输入新的过滤器名称进行修改。

新建、删除过滤器：在"阶段过滤器"选项卡的下方，单击"新建"或"删除"按钮，用户可以新建或删除过滤器。

第 2 章 建筑墙体和柱创建

教学导入

本章基于实际案例项目演示创建基本室内模型全过程。本章对案例中的墙、柱、造型墙等墙体构件的建模命令使用进行了讲解,并阐述了建模的思路和流程,使读者建立模型墙的概念,熟悉墙体和柱建模的操作方法,为后续专业应用打下基础。

学习要点

墙创建

柱创建

背景墙创建

幕墙创建

本章将详细阐述绘制建筑内外墙、柱及幕墙的方法及步骤,包括结构墙、柱及装饰面层(平立面)等。在学习过程中,按操作步骤进行软件实操。

创建墙体

2.1 墙体建模

在项目浏览器中切换到 F1 楼层平面视图,使用墙工具创建墙体。如图 2-1 所示,在"建筑"选项卡"构建"面板中的"墙"下拉列表中选择"墙:建筑"选项,系统自动切换至"修改|放置 墙"上下文选项卡。

如图 2-2 所示,在"属性"面板的墙族类型的下

图 2-1

图 2-2

拉列表中将显示所有的墙族类型。在类型列表中，设置当前类型为"基本墙 常规-200mm"，再单击"属性"面板中的"编辑类型"按钮，打开墙"类型属性"对话框，在对话框中单击类型列表后的"复制"按钮，在弹出的"名称"对话框中输入"酒店-基本墙-200mm"作为新墙类型名称，单击"确定"按钮返回"类型属性"对话框（图 2-3）。

在"类型属性"对话框墙体类型参数列表中选定"功能"为"外部"，单击"结构"参数后的"编辑"按钮（图 2-4），打开"编辑部件"对话框，如图 2-5 所示，在层列表中，墙包括一个厚度为 200mm 的结构层，单击材质下方的"按类别"，系统弹出"材质浏览器"对话框，如图 2-5 所示。在该对话框中将材质设置为"大理石"，并单击对话框底部的"复制"按钮，选择"复制选定的材质"选项（图 2-6），输入材质名称为"酒店-大理石"，单击"确定"按钮返回。

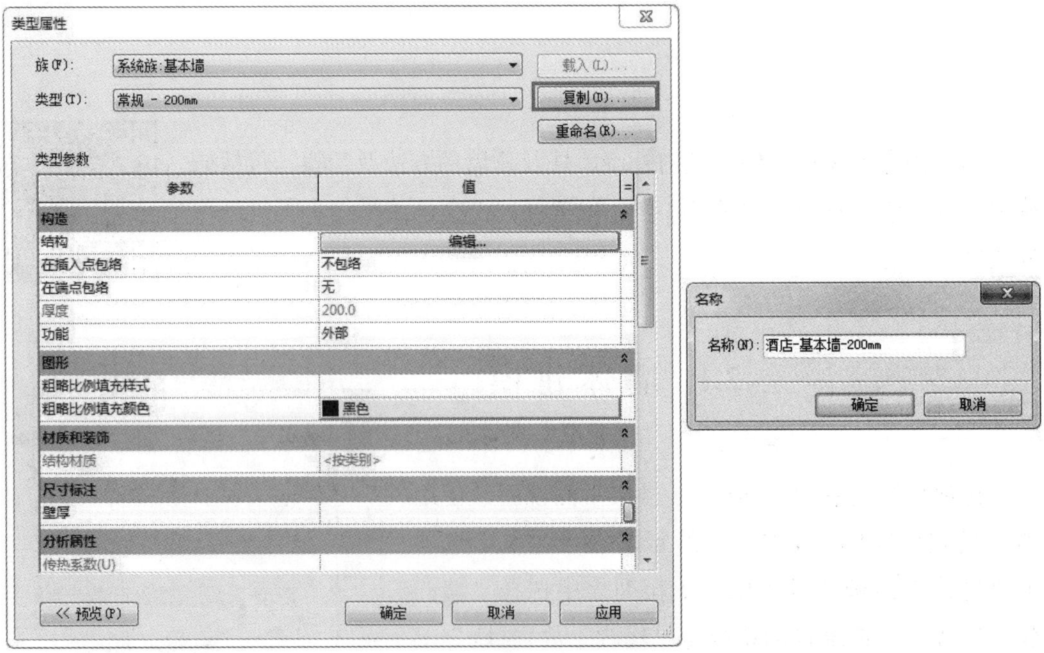

图 2-3

第2章 建筑墙体和柱创建

图 2-4

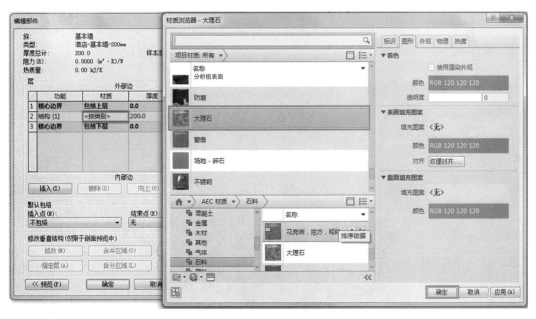

图 2-5

图 2-6

在"属性"面板中,"基本墙:酒店 - 基本墙 -200mm"被自动设置为当前墙类型。定义了墙类型后,在项目浏览器中确认当前工作视图为 F1 楼层平面视图,在"修改 | 设置 墙"选项卡"绘制"面板中将绘制方式设置为"直线";设置选项栏中的墙"高度"为 F2(标高 2),即该墙高度由当前视图标高 F1(标高 1)直到标高 F2(标高 2);设置墙"定位线"为"墙中心线";勾选"链"选项,将连续绘制墙。设置完成之后,就可以开始绘制墙体(图 2-7)。

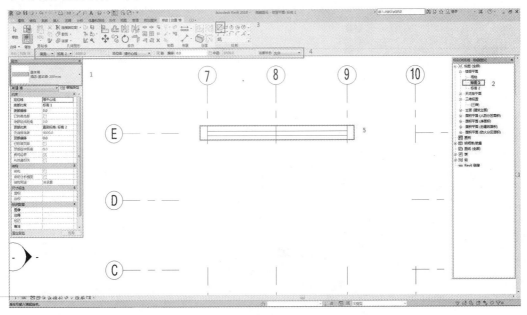

图 2-7

将鼠标移动到绘图区域内,适当放大视图,选定某处单击作为墙绘制的起点,Revit 软件将在起点和当前鼠标位置间显示预览示意图,移动鼠标指针并通过输入尺寸和捕捉轴网来创建酒店大厅部分墙体。本例中,可以从 E 轴线和 7 轴线的交点开始,单击后向右移动鼠标指针,输入 17600 并按 <Enter> 键确定,完成第一面墙体的创建。重复以上步骤或捕捉轴网继续绘制其他的 200mm 厚度的墙体,全部绘制完成后按两次 <Esc> 键,退出墙绘制模式,如图 2-8 所示。

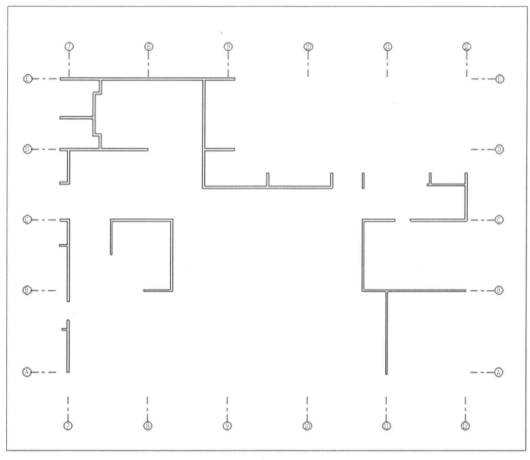

图 2-8

如图 2-9 所示,单击"建筑"选项卡"构建"面板中的"墙"按钮,此时"属性"面板类型列表中显示当前类型为"酒店 - 基本墙 -200mm",再单击"属性"面板中的"编辑类型"按钮,打开墙"类型属性"对话框,在对话框中单击类型列表后的"复制"按钮,在弹出的"名称"对话框中输入"酒店 - 基本墙 -300mm"作为新墙类型名称,单击"确定"按钮返回"类型属性"对话框。单击"结构"参数后的"编辑"按钮,打开"编辑部件"对话框,在对话框中将层列表中墙的厚度改为 300mm,单击"确定"按钮返回(图 2-10)。

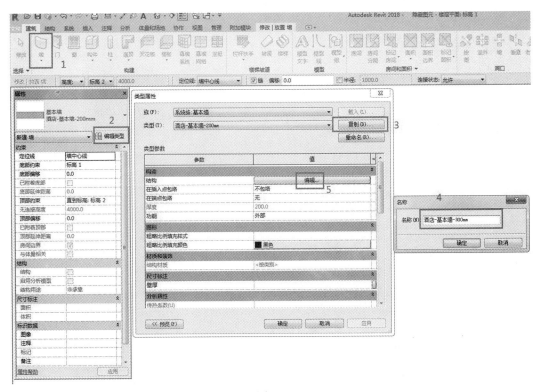

图 2-9

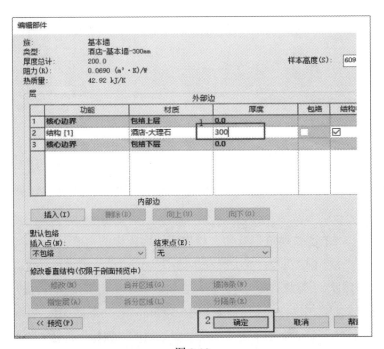

图 2-10

将鼠标再次移动到绘图区域内,绘制刚刚设置好的 300mm 厚度的墙体。从 A 轴线和 7 轴线的交点开始,单击后向右移动鼠标指针,再次捕捉到 A 轴线和 11 轴线的交点后单击,即完成了这面墙体的创建,如图 2-11 所示。依次创建并绘制其他厚度的墙体,全部绘制完成后按 <Esc> 键两次,退出墙绘制模式,即完成了酒店大厅一层所有墙体的绘制(图 2-12)。

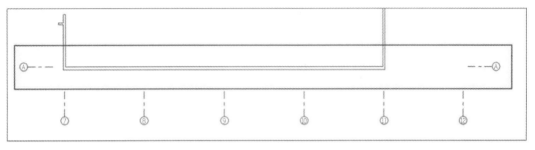

图 2-11

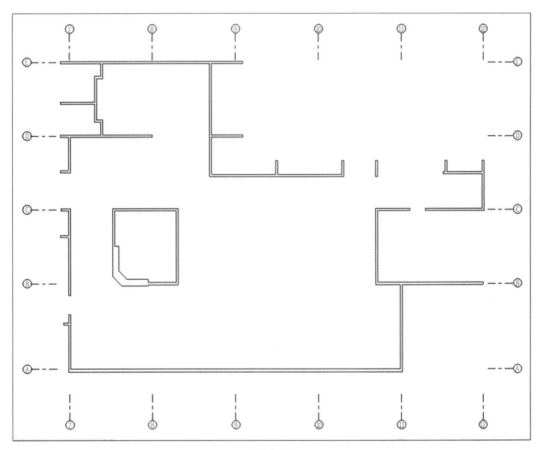

图 2-12

接下来，在项目浏览器中切换到 F2 楼层平面视图，接着使用墙工具创建酒店大厅二层的墙体，如图 2-13 所示。

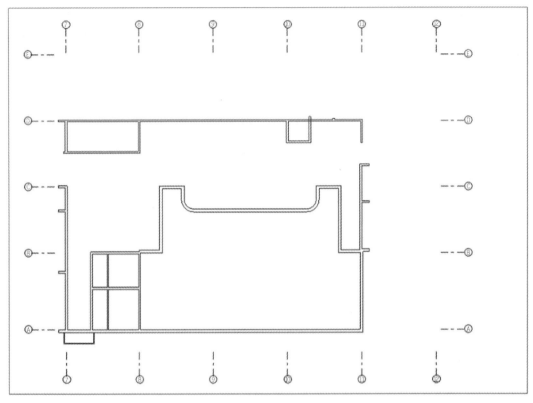

图 2-13

2.2 柱体建模

柱体创建

在项目浏览器中切换到 F1 楼层平面视图，使用柱工具创建结构柱。如图 2-14 所示，在"建筑"选项卡"构建"面板中的"柱"下拉列表中选择"结构柱"工具，进入结构柱放置状态，系统自动切换至"修改 | 放置 结构柱"上下文选项卡。

单击"属性"面板中的"编辑类型"按钮，系统弹出"类型属性"对话框。因为项目中没有所需要的柱族，所以要创建结构柱必须首先载入柱族。单击族列表后的"载入"按钮，在弹出的对话框中打开"China"文件夹，再双击打开其中的"结构"文件夹（图 2-15）。

58

第2章 建筑墙体和柱创建

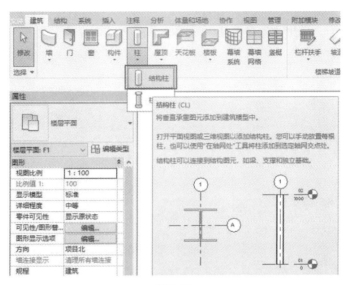

图 2-14

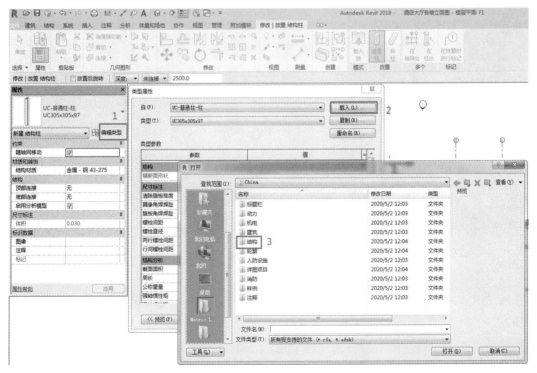

图 2-15

浏览至文件夹"结构\柱\混凝土\混凝土-矩形-柱"族文件（图2-16），单击"打开"按钮返回"类型属性"对话框，在对话框中复制出名称为"800×800mm"的新类型，如图 2-17 所示；修改类型参数中尺寸标注的"b"值为 800，"h"值为 800，设置完成后单击"确定"按钮，退出"类型属性"对话框。

图 2-16

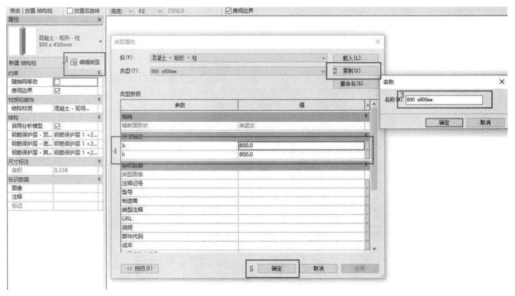

图 2-17

如图 2-18 所示，确认"修改｜放置 结构柱"上下文选项卡"放置"面板中结构柱的生成方式为"垂直柱"，在状态栏中确认柱的生成方式为"高度"，到达标高为"F2"，勾选"房间边界"选项，即结构柱将作为房间边界。单击"多个"面板中的"在轴网处"按钮，适当放大酒店大厅部分视图，在 B 轴线与 9 轴线交点右下方空白处单击并按住鼠标左键不放，向左上角移动鼠标至 E 轴线与 7 轴线交点左上角空白处，绘制虚线选择框，所选择的轴线将蓝色高亮显示，并在选择框范围内轴线交点处预显示结构柱，选择完成后单击"多个"面板中的"完成"按钮，系统将在虚线选择框内所有轴线交点处生成结构柱（图 2-19），按 <Esc> 键退出放置柱模式。

第2章 建筑墙体和柱创建

图 2-18

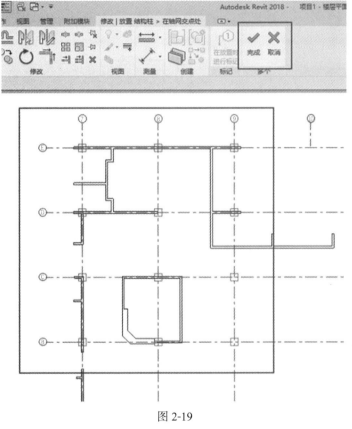

图 2-19

单击"建筑"选项卡"构建"面板中的"结构柱"按钮,在"属性"面板中单击"编辑类型"按钮,打开"类型属性"对话框。在对话框中复制出名称为"600×600mm"的新类型并修改尺寸标注的相关参数,在绘图区域绘制图形,如图 2-20 所示。

装饰柱

继续复制出名称为"600×950mm"结构柱新类型并修改尺寸标注中的相关参数,在绘图区域绘制结构柱,重复这个操作,这样即可绘制完成酒店大厅一层所有的结构柱(图 2-21),绘制完成后按两次 <Esc> 键,退出结构柱绘制模式。

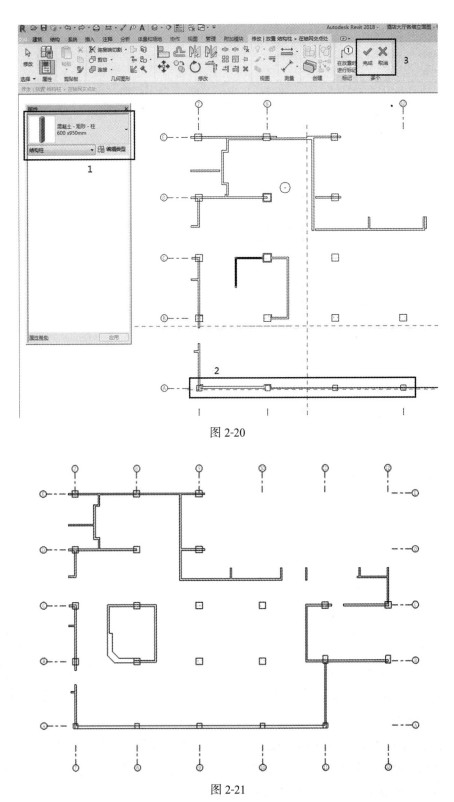

图 2-20

图 2-21

接下来在项目浏览器中切换到 F2 楼层平面视图，使用柱工具创建酒店大厅二层的结构柱（图 2-22）。

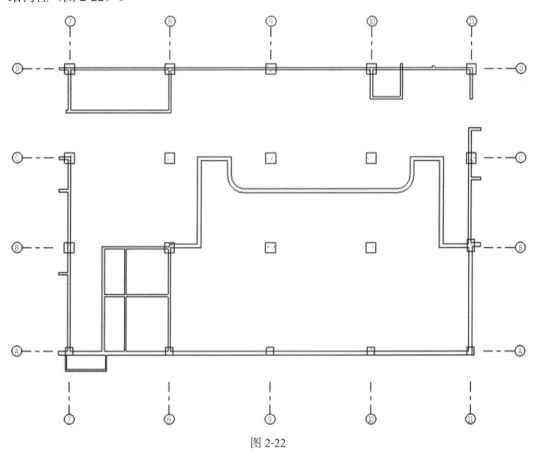

图 2-22

2.3 墙体装饰建模

2.3.1 墙细部构造建模

以一层鞋房为例，对墙体装饰层进行深化。在项目浏览器中切换到 F1 楼层平面视图，在鞋房的左上角空白处单击鼠标并按住鼠标左键不放，向右下角移动鼠标，直到鞋房右下角空白处，绘制虚线选择框，所选择墙体和结构柱将以蓝色高亮显示。这时，在绘图区域下方的状态栏上单击"临时隐藏/隔离"按钮，选择"隔离图元"选项，即可将鞋房这部分隔离出来（图 2-23）。

墙饰条添加

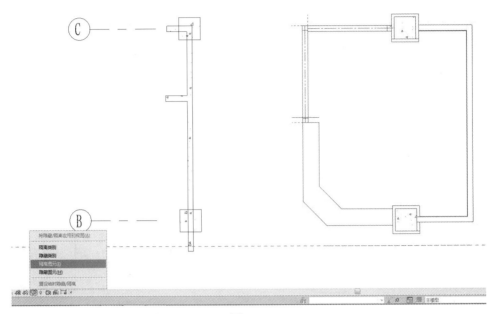

图 2-23

使用墙工具,选择墙的类型为"酒店 - 基本墙 -200mm",单击"属性"面板中的"编辑类型"按钮,打开"类型属性"对话框(图 2-24);单击类型列表后的"复制"按钮,在弹出的"名称"对话框中输入"装饰墙 - 壁纸 -200mm"作为新墙类型名称,单击"确定"按钮返回"类型属性"对话框;单击"结构"参数后的"编辑"按钮,打开"编辑部件"对话框。

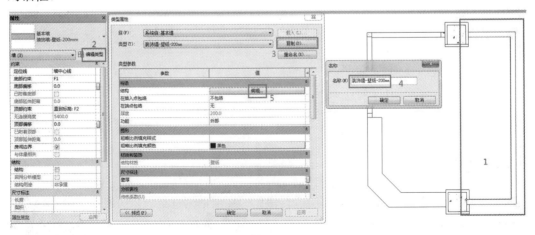

图 2-24

在"编辑部件"对话框"层"列表中,单击材质下方的"按类别",系统弹出"材质浏览器"对话框,在对话框中将材质设置为"大理石",单击"材质浏览器"对话框底部的"新建材质"按钮(图 2-25),在新创建的"默认为新材质"名称上右击,在弹出的快捷菜单中选择"重命名"选项,输入材质名称为"壁纸",并在右边"图形"选项卡中可以将壁纸换一个显示颜色(图2-26),单击"确定"按钮返回"编辑部件"对话框。

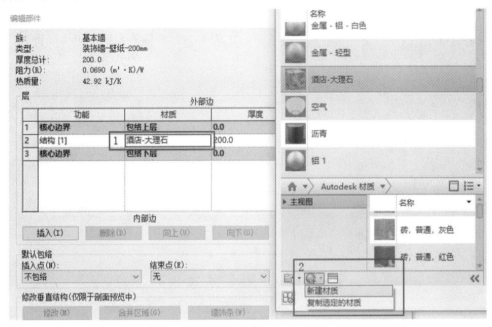

图 2-25

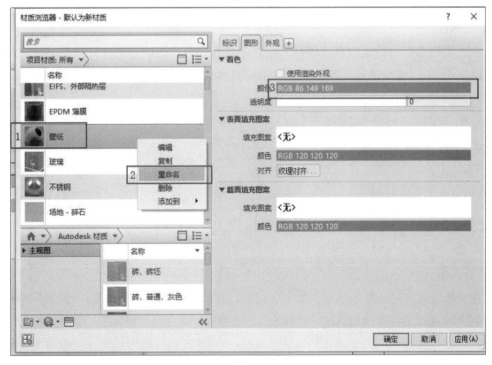

图 2-26

在"编辑部件"对话框中单击左下方的"预览"按钮,在对话框左侧将显示预览视图。修改"视图"类型为"剖面:修改类型属性",此时,"编辑部件"对话框"修改垂直结构(仅限于剖面预览中)"选项区域的工具变为可用(图2-27)。单击"修改垂直结构(仅限于剖面预览中)"选项区域中的"墙饰条"按钮,系统弹出"墙饰条"对话框。

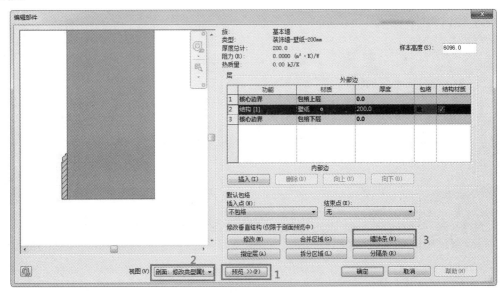

图 2-27

在"墙饰条"对话框中单击"载入轮廓"按钮,在弹出的"载入族"对话框中浏览至"China\轮廓\常规轮廓\装饰线条\壁脚板\木踢脚3"族文件,载入该族并返回"墙饰条"对话框(图2-28)。

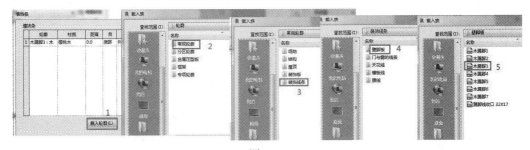

图 2-28

在"墙饰条"对话框中单击"添加"按钮,在墙饰条列表中将添加新行。在"轮廓"下拉列表中选择上一步中载入的"木踢脚3";设置材质为"樱桃木";设置距离为0.0,自"底"到"外部"边,表示将沿墙底部0.0mm外墙面处,以木踢脚3轮廓定义生成墙饰条(图2-29)。设置完成后单击"确定"按钮,退出"墙饰条"对话框。

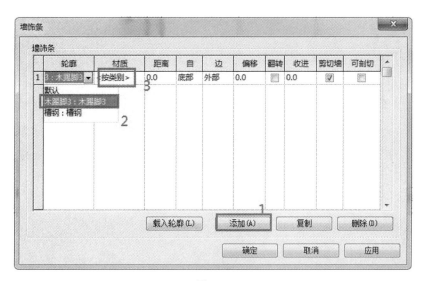

图 2-29

切换至 F1 楼层平面视图,如图 2-30 所示,此时,在绘图区域能清楚地看见自动生成的墙饰条出现在墙的外部。将鼠标移动到绘图区域内框选墙体,按空格键,这时,创建的墙饰条就出现在了鞋房内部。我们也可以切换至三维视图(图 2-31),这时在绘图区域下方的状态栏上单击"视觉样式"工具,选择"真实"样式,可以更好地观察视图的效果。

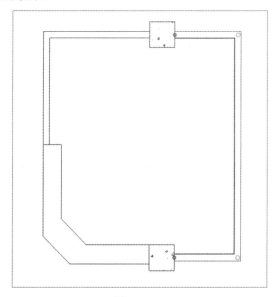

图 2-30

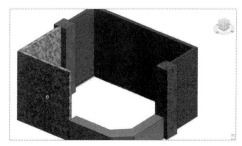

图 2-31

2.3.2 墙面铺贴建模

以一层鞋房为例,继续创建墙面铺贴方案。首先,在结构柱旁绘制一层厚度为 100mm 的墙体,作为绘制铺贴的墙体。如图 2-32 所示,单击"建筑"选项卡"构建"面板中的"墙"工具,自动切换至"修改 | 放置 墙"上下文选项卡;单击"属性"面板中的"编辑类型"按钮,打开"类型属性"对话框;单击类型列表后的"复制"按钮,在弹出的"名称"对话框中输入"装饰墙-干挂石材-100mm"作为新墙类型名称,单击"确定"按钮返回"类型属性"对话框;单击"结构"参数后的"编辑"按钮,打开"编辑部件"对话框(图 2-32)。

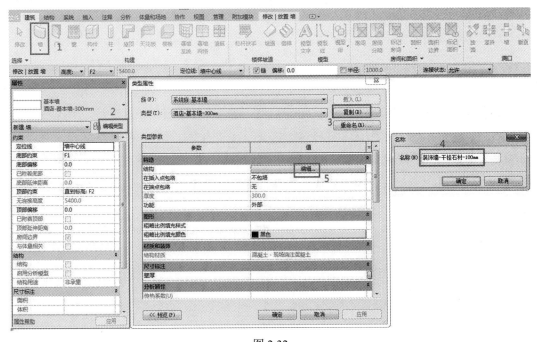

图 2-32

在"编辑部件"对话框中,将"层"列表中墙的厚度改为 100mm(图 2-33),单击材质下方的"按类别",系统弹出"材质浏览器"对话框。单击"材质浏览器"对话框底部的"新建材质"按钮,在新创建的"默认为新材质"名称上右击,在弹出的快捷菜单中选择"重命名"选项,输入材质名称为"石材",并在右边"图形"选项卡中将材质换一个显示颜色(图 2-34),单击"确定"按钮返回"编辑部件"对话框,再单击"确定"按钮返回"类型属性"对话框。

第2章 建筑墙体和柱创建

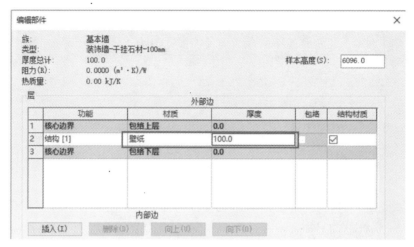

图 2-33

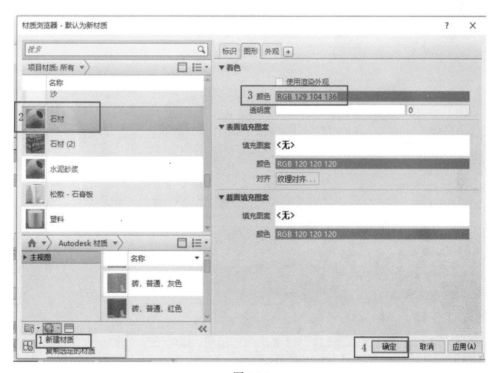

图 2-34

在项目浏览器中确认当前工作视图为 F1 楼层平面视图，在"修改|设置 墙"选项卡"绘制"面板中将绘制方式设置为"直线"；在选项栏中将墙"高度"设置为 F2，即该墙高度由当前视图标高 F1 直到标高 F2；设置墙"定位线"为"面层面：外部"；勾选"链"选项，将连续绘制墙。设置完成之后，就可以捕捉结构柱的边框绘制墙体了（图 2-35）。

69

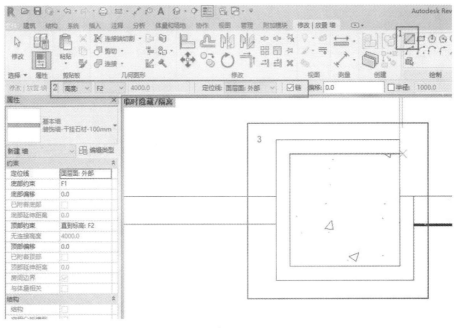

图 2-35

从图 2-35 中可以看到,所绘制的 100mm 厚的墙体和 200mm 厚的墙体连接在了一起,选择其中的一面墙,系统自动切换至"修改|墙"上下文选项卡,单击"几何图形"面板中的"墙连接"按钮(图 2-36)。

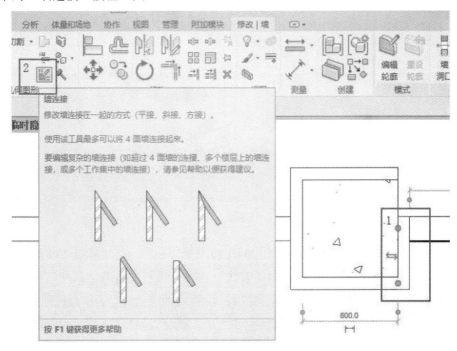

图 2-36

单击需要修改连接的区域,在选项栏中将"连接方式"设置为"平接",如果出现的连接方式还不是所需要的,则可以单击"平接"旁边的"下一个"按钮,直至出现所需要的连接方式(图 2-37)。

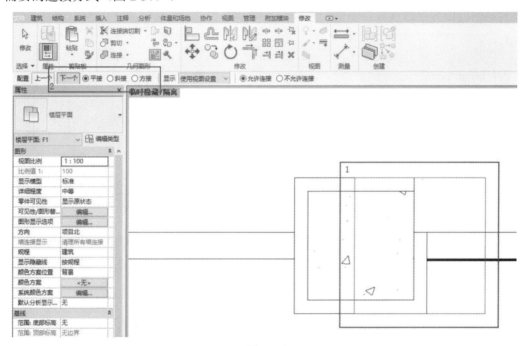

图 2-37

首先创建一个新的立面视图以便于作图。如图 2-38 所示,单击"视图"选项卡"创建"面板中的"剖面"按钮,自动切换至"修改 | 剖面"上下文选项卡(图 2-38)。

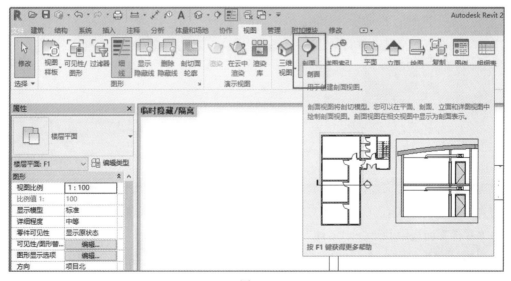

图 2-38

在鞋房的左边单击作为剖面的起点,向右移动鼠标至鞋房的右边,再次单击作为剖面的终点(图2-39)。在项目浏览器中双击刚刚创建的"剖面1",切换到"剖面1"视图,在绘图区域下方的状态栏上单击"视觉样式"按钮,在下拉列表中选择"着色"样式,则可以方便地观察视图的效果(图2-40)。

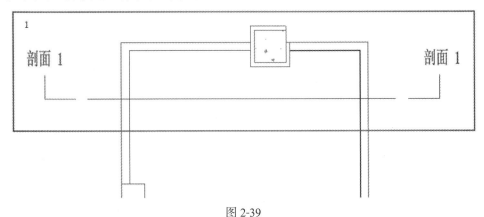

图 2-39

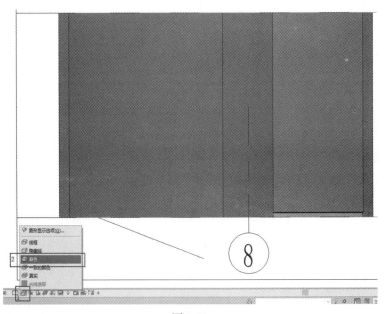

图 2-40

选中要修改的装饰墙,自动切换至"修改|墙"上下文选项卡,单击"创建"面板中的"创建零件"按钮(图2-41),自动切换至"修改|组成部分"上下文选项卡,单击"零件"面板中的"分割零件"按钮,系统弹出"工作平面"对话框,在该对话框"指定新的工作平面"选项区域选择"拾取一个平面"选项,单击"确定"按钮退出"工作平面"对话框(图2-42)。

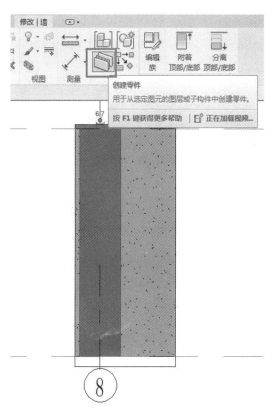

图 2-41

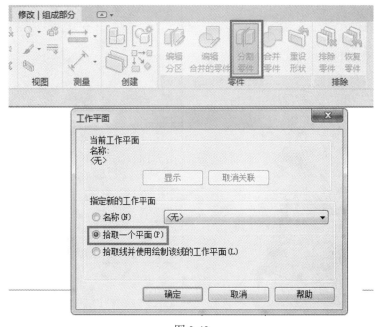

图 2-42

图 2-43

再次单击要修改的装饰墙,自动切换至"修改 | 分区"上下文选项卡。单击"绘制"面板中的"编辑草图"按钮(图 2-43),在"修改 | 分区 > 编辑草图"选项卡"绘制"面板中设置绘制方式为"直线",配合"修改"面板中的"修剪/延伸为角"命令绘制要分割的零件轮廓,绘制结束后单击"模式"面板中的"完成"按钮,退出绘制草图(图 2-44)。

选中装饰墙上的同一种材质的零件,取消勾选"属性"面板中的"通过原始分类的材质"选项,单击材质后面的"按类别",系统弹出"材质浏览器"对话框。单击"材质浏览器"对话框底部的"新建材质"按钮,在新创建的"默认为新材质"名称上右击,在弹出的快捷菜单中选择"重命名"选项,输入材质名称为"星河米黄石材",并在右边"图形"选项卡中将材质换一个显示颜色,单击"确定"按钮返回"编辑部件"对话框(图 2-45),再单击"确定"按钮退出对话框,这样就将选中的材质附上了"星河米黄石材"。

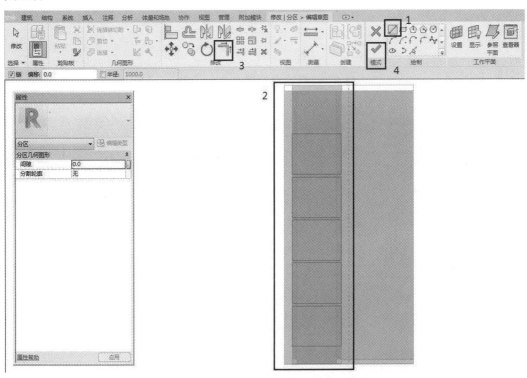

图 2-44

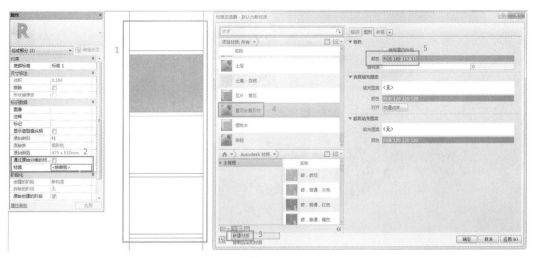

图 2-45

依次重复上述步骤,将结构柱上的其他分割开的零件分别附上新的材质,如图 2-46 所示。在项目浏览器中切换至"三维视图"模式,在绘图区域下方的状态栏上单击"视觉样式"按钮,在下拉列表中选择"着色"样式,则可以更好地观察视图的效果(图 2-47)。

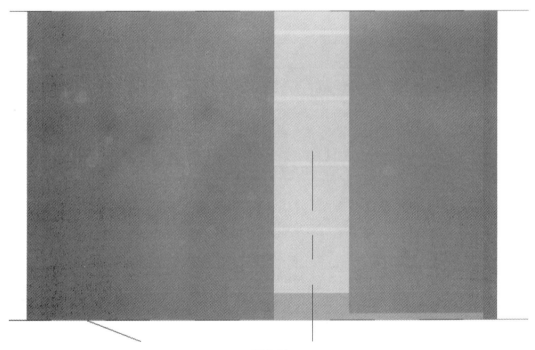

图 2-46

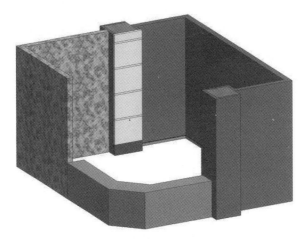

图 2-47

CAD 图案导入　　创建零件　　分割零件
零件

实际绘图过程中，用户也可以在 AutoCAD 软件中先绘制好墙面填充图案，再导入到 Revit 软件中直接使用。首先在 AutoCAD 软件中绘制好填充图案，绘制完成后将文件保存，如图 2-48 所示。

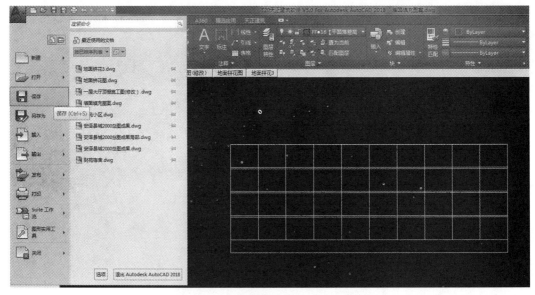

图 2-48

在 Revit 软件中，单击"创建"面板中的"创建零件"按钮，自动切换至"修改 | 组成部分"上下文选项卡，单击"零件"面板中的"分割零件"按钮（图 2-49），再单

击"绘制"面板中的"编辑草图"按钮（图 2-50）。

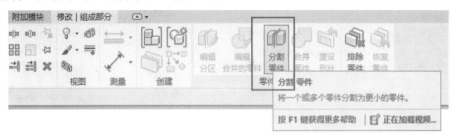

图 2-49

图 2-50

单击"插入"选项卡"导入"面板中的"导入 CAD"按钮（图 2-51），系统弹出"导入 CAD 格式"对话框，选择创建好的墙面填充图案 CAD 文件，勾选"仅当前视图"选项，颜色修改为"黑白"，导入单位修改为"毫米"，单击"打开"按钮（图 2-52），即可将墙面填充图案 CAD 文件导入到 Revit 软件中（图 2-53）。

图 2-51

图 2-52

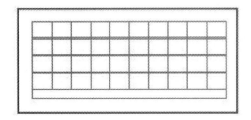

图 2-53

在绘图区域选中墙面填充图案，使用移动工具将墙面填充图案移动到零件上，绘制结束后，单击"模式"面板中的"完成"按钮（图 2-54），退出绘制草图模式，墙面铺贴绘制完成。我们可以依照上述步骤继续给零件添加材质，并在状态栏将"视觉样式"调整为"真实"样式（图 2-55、图 2-56）。

第2章 建筑墙体和柱创建

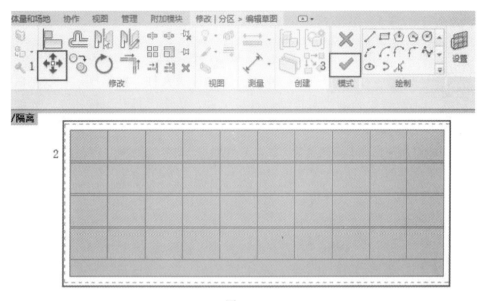

图 2-54

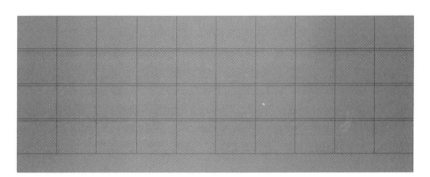

图 2-55

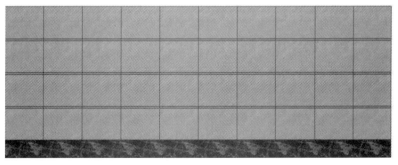

图 2-56

79

2.3.3 装饰背景墙族建模

装饰背景墙创建

单击"应用程序菜单"按钮，在下拉列表中选择"新建"→"族"命令，系统将弹出"新族 – 选择样板文件"对话框，在该对话框中选择"公制常规模型"样板文件，单击"打开"按钮进入族编辑器状态。

在项目浏览器中将视图切换至前立面视图，单击"创建"选项卡"形状"面板中的"放样"工具（图2-57），自动切换至"修改 | 放样"上下文选项卡，再单击"放样"面板中的"绘制路径"（图2-58），自动切换至"修改 | 放样 > 绘制路径"上下文选项卡。

图 2-57

图 2-58

在"绘制"面板中选择绘制方式为"矩形"，在绘图区域空白处单击鼠标绘制矩形，然后选中矩形的边，通过修改临时尺寸标注来调整矩形的大小，如把矩形的长度调整为13440，把矩形的宽度调整为4000，调整完成后单击"模式"面板上的"完成"按钮（图2-59）。

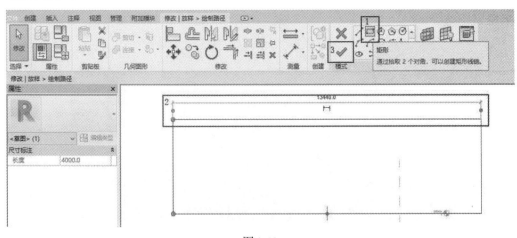

图 2-59

单击"放样"面板中的"拾取路径"按钮，拾取刚刚绘制的矩形。在项目浏览器中切换到左立面视图，如图 2-60 所示，在"绘制"面板中选择绘制方式为"直线"和"起点 - 终点 - 半径弧"，在矩形的右边绘制需要进行放样的图形，绘制完成后单击"模式"面板上的"完成"按钮。

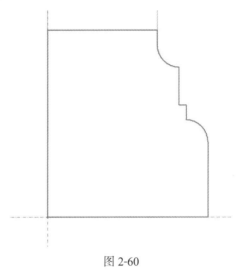

图 2-60

再次在项目浏览器中将视图切换到前立面视图，在绘图区域下方的状态栏上单击"视觉样式"按钮，在列表中选择"真实"样式，观察创建的装饰背景墙的装饰线条如图 2-61 所示。

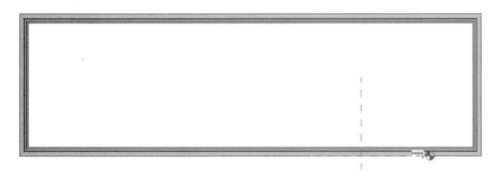

图 2-61

确保当前视图为前立面视图，单击"创建"选项卡"形状"面板中的"拉伸"工具（图 2-62），自动切换至"修改 | 创建拉伸"上下文选项卡，在"绘制"面板中选择绘制方式为"矩形"，拾取装饰线条的内框绘制矩形，并将矩形的每一条边旁边的小锁锁上，在"属性"面板中设置"拉伸终点"为 150，完成后单击"模式"面板上的"完成"按钮（图 2-63）。

图 2-62

图 2-63

单击"注释"选项卡"尺寸标注"面板中的"对齐"工具,自动切换至"修改|放置尺寸标注"上下文选项卡,将矩形的长度和宽度标注出尺寸(图 2-64);然后选中标注矩形宽度的尺寸线,自动切换至"修改|尺寸标注"上下文选项卡,单击"标签尺寸标注"面板中的"创建参数"工具,打开"参数属性"对话框。在该对话框中将"参数数据"选项区域下方的"名称"修改为"粗略高度",并选择"实例(I)",单击"确定"按钮退出"参数属性"对话框(图 2-65),将标注矩形宽度的尺寸标注旁的小锁锁上,这样,就将标注矩形宽度的尺寸标注定义为"粗略高度",以同样的方法将标注矩形长度的尺寸标注定义为"粗略宽度"(图 2-66)。

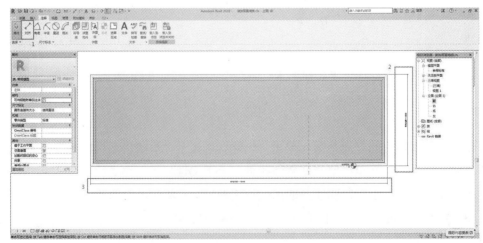

图 2-64

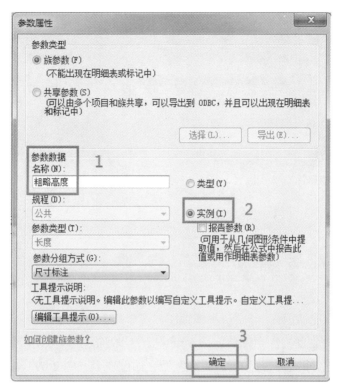

图 2-65

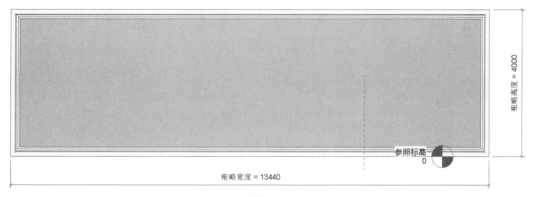

图 2-66

选中之前创建的装饰线条,单击"属性"面板中的"关联族参数"按钮,打开"关联族参数"对话框。在"关联族参数"对话框中单击左下方的"新建参数"按钮,打开"参数属性"对话框,将"参数数据"选项区域下方的"名称"修改为"装饰背景墙",单击"确定"按钮退出对话框(图2-67),至此,装饰背景墙创建完成,将这个文件保存并载入项目中。

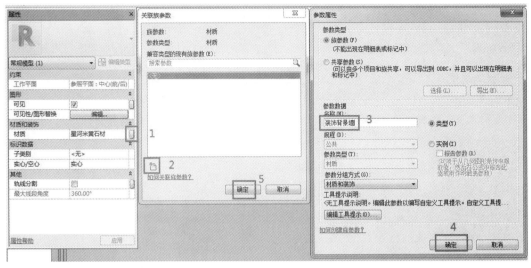

图 2-67

在项目浏览器中切换到 F1 楼层平面视图,在"建筑"选项卡"构建"面板"构件"下拉列表中选择"放置构件"选项(图 2-68),自动切换至"修改 | 放置 构件"上下文选项卡,将创建好的装饰背景墙放置到其所在的位置上(图 2-69)。

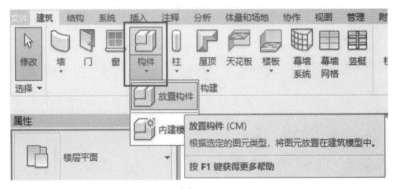

图 2-68

图 2-69

选择放置的装饰背景墙,单击"属性"面板中的"编辑类型"按钮,打开"类型属性"对话框。在该对话框中单击默认材质后方的"按类别"按钮,在打开的"材质浏览器"对话框中将其材质设置为"石材",单击"确定"按钮返回(图 2-70)。

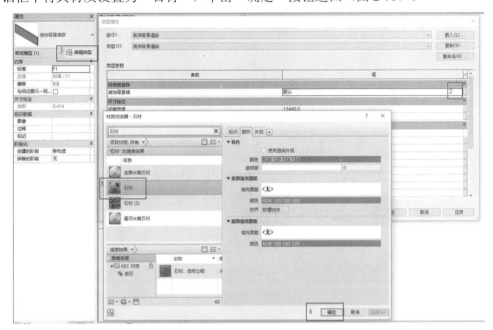

图 2-70

2.3.4 自定义表面填充图案

在添加墙面石材拼花图案时,常会碰到拼花图案在图案库里没有的情况,用户可以通过 AutoCAD 文件里的填充图案样式,从最常用的 AutoCAD 中收集线填充图案文件。一些基于 AutoCAD 平台的建筑软件都有更丰富的填充图案,导入其中的 pat 文件即可丰富填充样式。但是,在新建模型填充样式,导入 pat 文件时,一般会提示未发现模型类型的填充图案,这是因为供 AutoCAD 使用的 pat 文件都是绘图类型的填充样式,这时只需用记事本打开这些 pat 文件,在每个填充样式的名称下面添加:TYPE=MODEL,就可以把绘图类型的填充样式改变为模型填充样式,并在新建模型时导入填充样式。下面举例介绍一种墙体表面填充图案,大家逐步操作运用。

自定义表面填充图案

(1)打开 AutoCAD 软件,并安装海龙工具插件,选择"填充"→"制作填充"命令,弹出"新建一个填充图案 .pat 文件"对话框(图 2-71、图 2-72)。

输入选择对象、基点、长度、宽度,制作完成,保存为"new.pat"或"SNBIM-1.pat"(图 2-73)。

图 2-71

图 2-72

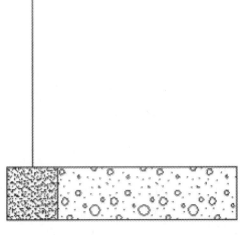

图 2-73

用记事本打开 AutoCAD 海龙工具制作 SNBIM-1.pat 或 new.pat 文件（图 2-74）。SNBIM 是文件名称，这样的文件不能导入到 Revit 软件中，需要经过修改加工。

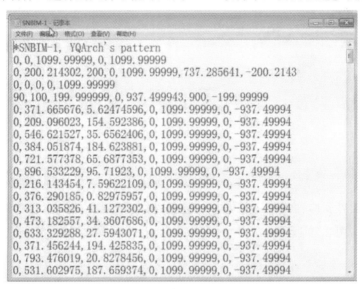

图 2-74

（2）用记事本打开 Revit 软件安装文件 Data 文件夹里的 revit metric.pat 文件（图 2-75）。

图 2-75

在记事本中（图 2-76、图 2-77）：

；%VESION=3.0 指的是版本；

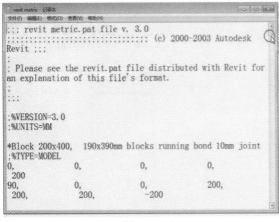

；%UNIT=MM 是指单位；

*Block 200×400，190×390mm blocks running bond 10mm joint 是名称

；%TYPE=MODEL 是指类型。

复制这一段四行数据，粘贴到如图2-74所示用记事本打开的"SNBIM-1.pat"文件第一行，将原第一行"*SNBIM-1，YQArch's pattern"粘贴至第三行替代"*Block 200×400，190×390mm blocks running bond 10mm

图 2-76

joint"，保存文件。应注意的是，数据位置及格式符号都不能错，否则软件将无法识别，如图2-78、图2-79所示。

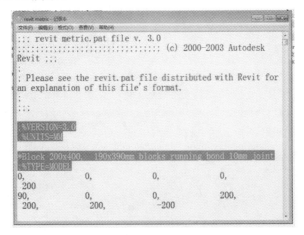

图 2-77

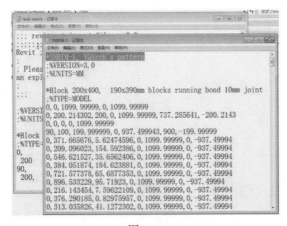

图 2-78

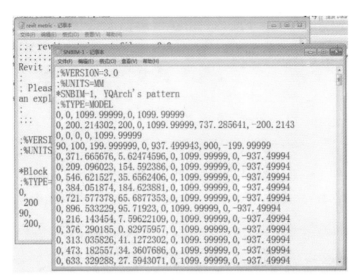

图 2-79

（3）修改程序到此完成，进入项目文件中，编辑材质图案填充（图 2-80）。

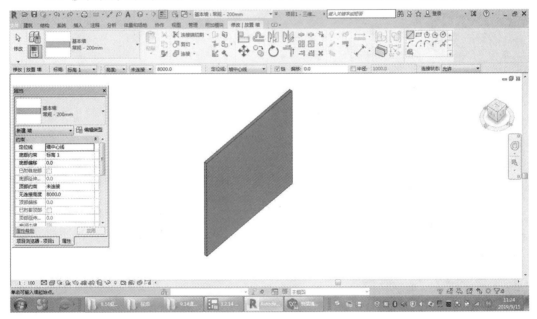

图 2-80

（4）编辑结构墙面材质，选中墙面，在"属性"面板中单击"编辑类型"按钮，在弹出的"类型属性"对话框中单击"结构"→"编辑"按钮（图 2-81），系统弹出"编辑部件"对话框，选中"结构"材质，进入"材质浏览器"对话框（图 2-82），选择表面填充图案，在弹出的"填充样式"对话框中（图 2-83）选择填充图案类型为"模型"，单击"新建"按钮（图 2-84），系统弹出"添加表面填充图案"对话框，勾选"自定义"

选项，单击"导入"按钮，导入创建的 SNBIM-1.pat 或 new.pat 文件（图 2-85），单击"确定"按钮，完成自定义表面填充图案设置（图 2-86）。

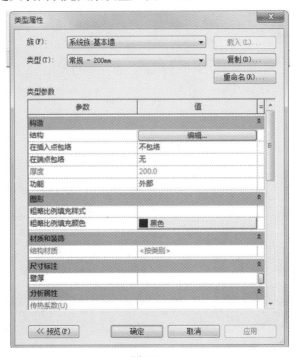

图 2-81

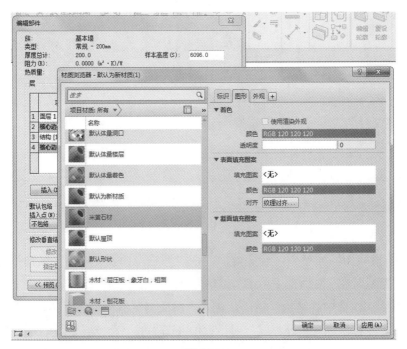

图 2-82

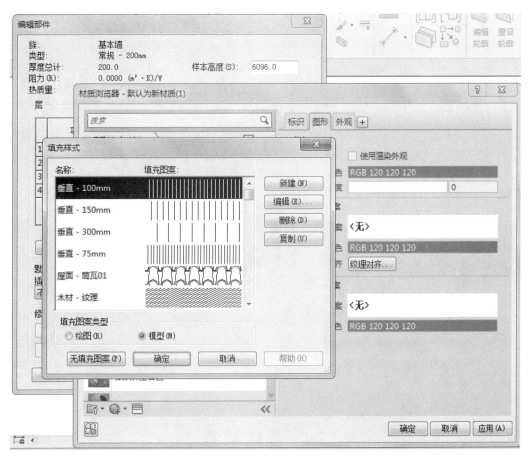

图 2-83

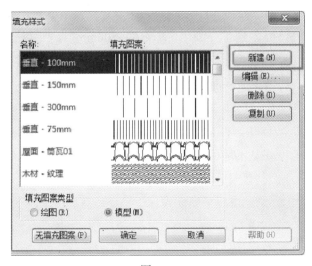

图 2-84

图 2-85

图 2-86

2.4 幕墙建模

创建玻璃幕墙

下面以酒店大厅入门处为例,介绍幕墙创建的方法。因为在酒店入口处已经创建了"酒店 - 基本墙 -300mm",所以要先删除已创建的基本墙,然后才能创建幕墙。创建幕墙之前先绘制基于 300mm 基本墙墙中心线的参照平面。如图 2-87 所示,单击"建筑"选项卡"工作平面"面板中的"参照平面"按钮,自动切换至"修改 | 放置 参照平面"上下文选项卡。在基本墙的左处捕捉到墙的中心线,按住 <shift> 键水平绘制参照平面（图 2-88),绘制完成后按两次 <Esc> 键退出绘制参照平面模式。

图 2-87

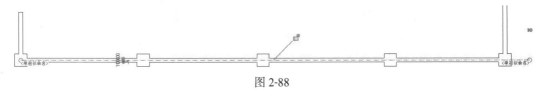

图 2-88

如图 2-89 所示，在"建筑"选项卡"构建"面板中的"墙"下拉列表中选择"墙：建筑"工具，自动切换至"修改|墙"选项卡。在"属性"面板"墙族类型"下拉列表中将显示所有的墙族类型。在类型列表中，设置当前类型为"幕墙"，再单击"属性"面板中的"编辑类型"按钮，打开"类型属性"对话框。在该对话框中单击"类型"列表后的"复制"按钮，在弹出的"名称"对话框中输入"酒店大厅入门处幕墙"作为新墙类型名称，单击"确定"按钮返回"类型属性"对话框（图 2-90）。

玻璃幕墙修改编辑

在"属性"面板中，"酒店大厅入门处幕墙"被自动设置为当前墙类型。定义了墙类型后，在项目浏览器中确认当前工作视图为 F1 楼层平面视图，在"绘制"面板中设置绘制方式为"直线"方式；在选项栏中设置墙"高度"为 F3，即该墙高度由当前视图标高F1 直到标高 F3；设置墙"定位线"为"墙中心线"；勾选"链"选项，将连续绘制墙。设置完成之后，就可以开始绘制幕墙。捕捉到参照平面后单击鼠标开始绘制，到墙的另一端再单击鼠标结束，如图 2-91 所示，按 <Esc> 键两次退出幕墙绘制模式。

图 2-89

图 2-90

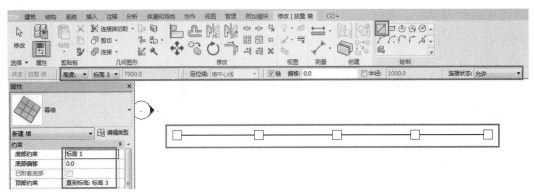

图 2-91

在绘制前可以先将"酒店大厅入门处幕墙"隔离出来以方便添加幕墙网格。在项目浏览器中将视图切换到北立面视图,将鼠标指针移动到"酒店大厅入门处幕墙"处单击选中,所选择的幕墙将以蓝色高亮显示。这时,在绘图区域下方的状态栏上"临时隐藏/隔离"工具下拉列表中选择"隔离图元"选项,将幕墙隔离出来(图2-92)。在状态栏上"视觉样式"工具下拉列表中选择"真实"样式,可以更好地观察效果。

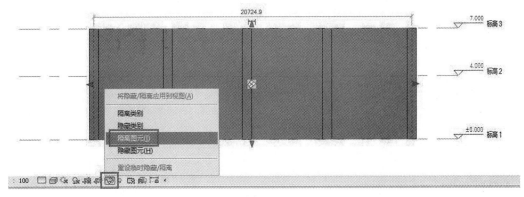

图 2-92

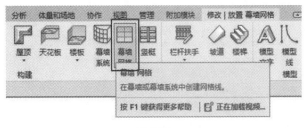

图 2-93

单击"建筑"选项卡"构建"面板中的"幕墙网格"工具(图2-93),自动切换至"修改|放置 幕墙网格"上下文选项卡。单击"放置"面板中的"全部分段"按钮(图2-94),移动鼠标指针至幕墙水平方向边界位置,将以虚线显示垂直于光标处的幕墙网格预览。先将幕墙上的大区域划分出来,根据图纸尺寸距离单击鼠标放置幕墙网格,然后选中放置的幕墙网格,根据幕墙网格两边出现的临时尺寸调整距离,如图2-95所示。

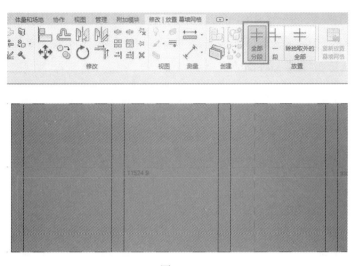

图 2-94

图 2-95

如图 2-96 所示，继续绘制幕墙网格的细节部分，绘制完成后按 <Esc> 键两次，退出放置幕墙网格状态。

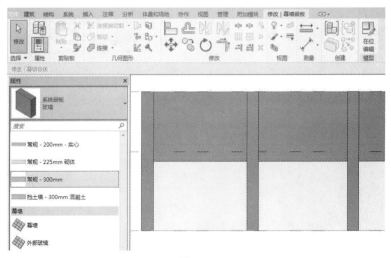

图 2-96

添加幕墙网格后，Revit 软件可以根据幕墙网格的形状将幕墙划分为数个独立的幕墙嵌板，自由指定和替换每个幕墙嵌板。下面，通过替换幕墙嵌板来设置入口处幕墙门及墙体。移动鼠标指针至入口幕墙网格处，按 <Tab> 键，直到幕墙网格嵌板高亮显示时单击鼠标选择该嵌板。应注意的是，选择同一类型的幕墙嵌板时，可以按 <Tab> 键切换要选择的对象，再按 <Ctrl> 键单击加选选择对象。在"属性"面板"类型选择器"中的幕墙嵌板类型下拉列表中选择"酒店 - 基本墙 -300mm"类型。完成后，按 <Esc> 键取消当前选择集。这时可以看到系统将以"酒店-基本墙-300mm"嵌板族替换原"系统嵌板：玻璃"。

如图 2-97 所示，单击"建筑"选项卡"创建"面板中的"门"工具，此时"属性"面板中的类型列表显示当前类型为"单扇-与墙齐"，再单击"属性"面板中的"编辑类型"按钮，打开"类型属性"对话框。在对话框中单击"族"列表后面的"载入"按钮，浏览至文件夹"China\ 建筑 \ 门 \ 普通门 \ 旋转门 \ 旋转门 4"族文件（图 2-98），单击"打开"按钮载入该族时，系统会弹出"指定类型"对话框（图 2-99），选择其中一种类型并单击"确定"按钮返回"类型属性"对话框。

单击"类型"列表后的"复制"按钮，在弹出的"名称"对话框中输入"3500×3200mm"作为新门类型名称，在尺寸标注里将宽度和高度分别改为 3500 和 3200，单击"确定"按钮退出"类型属性"对话框（图 2-100）。

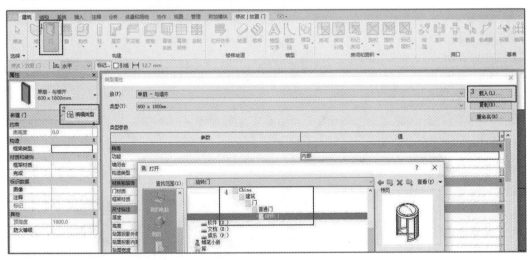

图 2-97

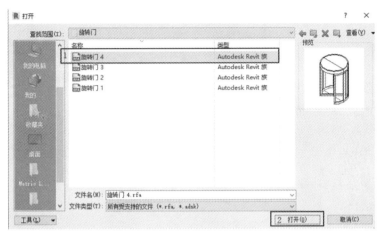

图 2-98

图 2-99

图 2-100

在项目浏览器中将视图切换到 F1 楼层平面视图,捕捉到墙的中线后放置旋转门,如图 2-101 所示。

依照前述步骤,将"双面嵌板玻璃门"载入到项目中来放置,这样,幕墙就绘制完成了,切换至三维视图可以观察创建的幕墙(图 2-102)。

接下来,继续添加幕墙分隔与横档竖梃网格尺寸,此处不再介绍。

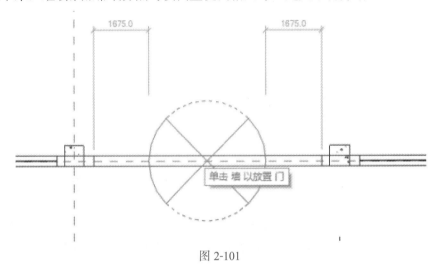

图 2-101

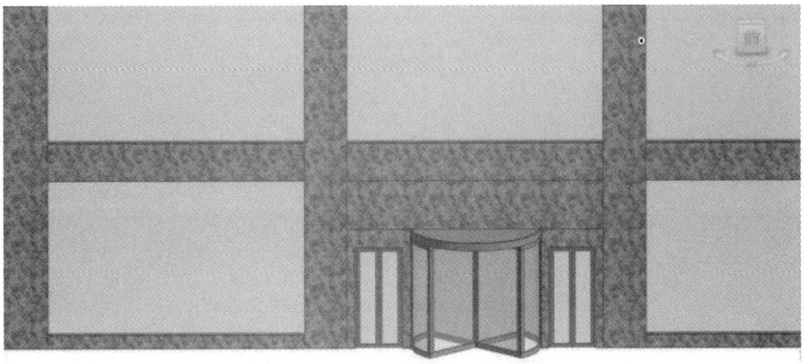

图 2-102

第3章 天花吊顶创建

教学导入

本章将对项目案例中的天花吊顶的模型创建进行演示,内容涉及各种基本天花造型,全面、详尽,系统介绍了各种天花吊顶的创建方法,实用性较强。

学习要点

  灯槽建立

  穹顶、拱顶创建

  整体式天花创建

  格栅、框格式吊顶创建

天花吊顶主要分为石膏板、矿棉板、彩绘玻璃和其他材料,在本章内容中,主要介绍不同造型与材料的天花吊顶建模方法。

3.1 灯槽建模

灯槽建模

首先创建二层天花板,选择"建筑"→"楼板(楼板:建筑)"选项(图3-1)。

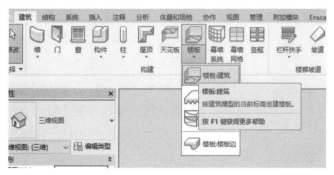

图 3-1

根据尺寸绘制楼板和一些需要开洞的地方，如图 3-2 所示。

图 3-2

应注意的是，只要是在楼板边上创建造型，则全部由"楼板边"命令生成，而楼板边中的造型都是轮廓族。

接下来，新建"公制轮廓族"。单击"应用程序菜单"按钮，在下拉菜单中选择"新建"→"族"命令，系统将弹出"新族—选择样板文件"对话框，在该对话框中选择"公制轮廓族"选项（图 3-3），其中两条线的交点可以认为是楼板边拾取的边。

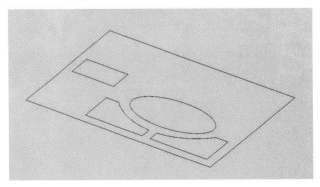

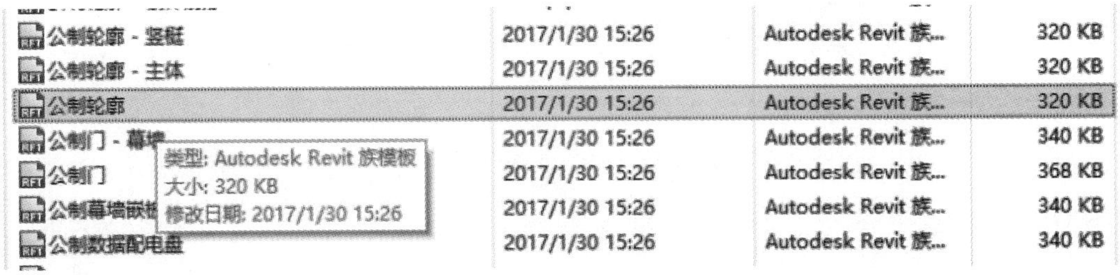

图 3-3

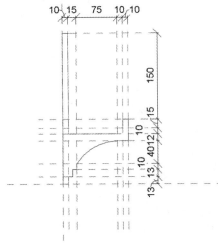

图 3-4

画出所需要的轮廓（注意：必须闭合，不能相交）（图 3-4），另存为族，命名为"吊顶边缘"，载入到项目文件中。在"建筑"选项卡"楼板"下拉列表中选择"楼板：楼板边"选项（图 3-5），自动切换至"修改 | 放置楼板边缘"上下文选项卡。在"属性"面板中单击"编辑类型"按钮（图 3-6），打开"类型属性"对话框。在对话框中新建楼板边缘，重新命名，选择已经载入项目的"吊顶边缘"轮廓族（图 3-7）。

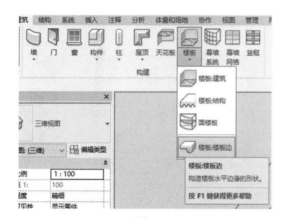

图 3-5

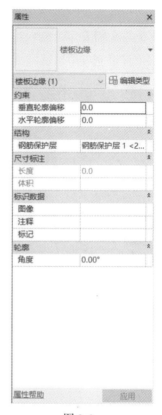

图 3-6

图 3-7

然后拾取楼板的边缘,创建轮廓。

多个轮廓需要多个楼板边的结合,由楼板边生成的轮廓还可以继续作为楼板边的边来拾取,直至完成吊顶造型模型创建(图 3-8)。

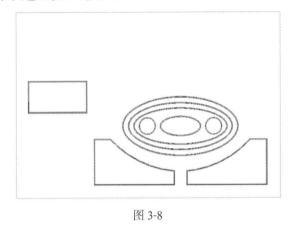

图 3-8

3.2 造型顶棚建模

3.2.1 拱形天花板建模

拱形天花板创建

下面继续来创建一层"楼板",依照建筑墙体图,在"建筑"选项卡"构建"面板"楼板"下拉列表中选择"楼板:建筑"选项,先绘制周围边界线,再绘制内部需要留出不同造型的边界线,如图 3-9 所示,再依次完成各不同部分造型的建模工作。完成总服务台上方拱形顶造型的创建如图 3-10 所示。

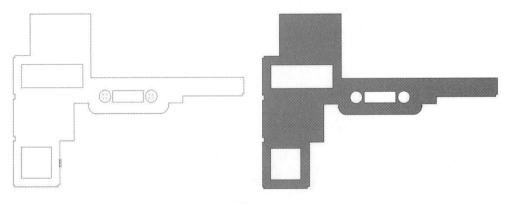

图 3-9

图 3-10

利用内建模型的方法创建拱形造型。首先在"建筑"选项卡"构建"面板"构件"下拉列表中选择"内建模型"选项，在弹出的"族类别和族参数"对话框中选择"常规模型"（图3-11），单击"确定"按钮退出对话框，在"创建"选项卡"形状"面板中单击"拉伸"按钮，绘制一个拱形的截面，再将其拉伸，创建造型。

图 3-11

设置工作平面，在"工作平面"面板中单击"设置"按钮，在弹出的"工作平面"对话框中选择"拾取一个平面"（图3-12），单击"确定"按钮退出对话框，在视图中拾取一个侧向垂直面，确定工作平面。再在"绘制"面板中选择"起点-终点-半径弧"命令，绘制弧形造型吊顶板，偏移复制并封闭截面，如图3-13所示。编辑拉伸，根据需要确定"拉

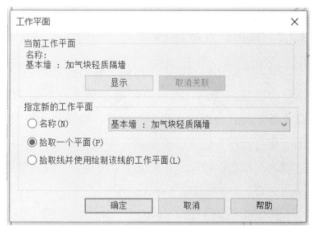

图 3-12

伸起点"与"拉伸终点",完成模型创建。再依此法绘制两侧壁板,完成拱顶造型模型创建(图 3-14)。

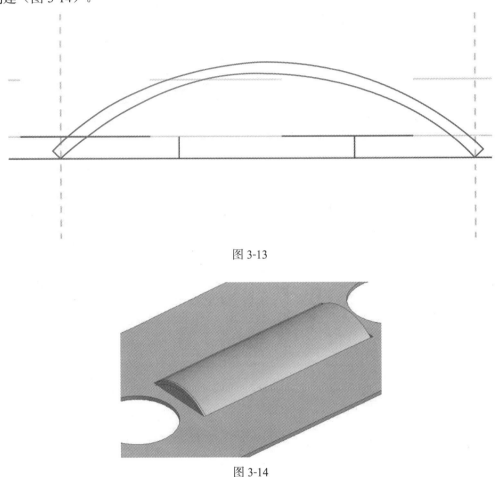

图 3-13

图 3-14

3.2.2 穹顶天花板建模

单击"应用程序菜单"按钮,在下拉菜单中选择"新建"→"族"命令,系统将弹出"新族 – 选择样板文件"对话框,在该对话框中选择"基于面的公制常规模型"选项,在项目浏览器中将视图切换至前视图,在"创建"选项卡"形状"面板中单击"旋转"命令,自动切换至"修改 | 创建旋转"上下文选项卡,绘制"旋转轴线"和弧形"边界线"(图 3-15)。

穹顶天花板创建

标注弧线内半径、外半径,并添加参数(图 3-16),定义族参数,定义公式,如图 3-17 所示,完成模型创建,并设置"油漆"材质为金箔漆(图 3-18、图 3-19)。

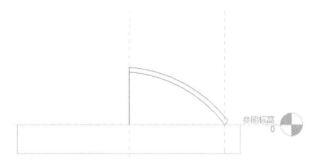

图 3-15

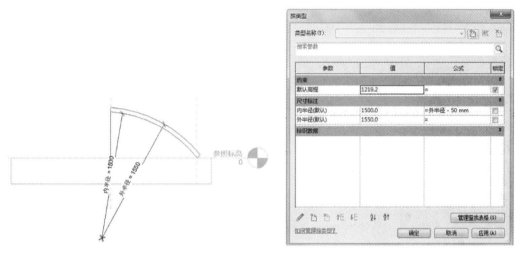

图 3-16   图 3-17

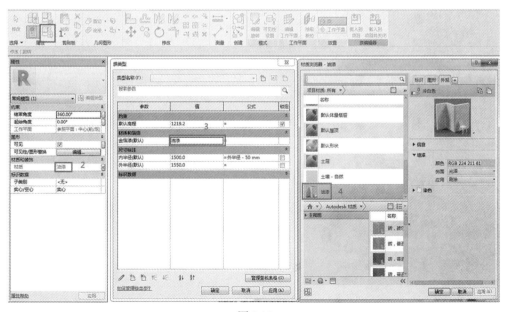

图 3-18

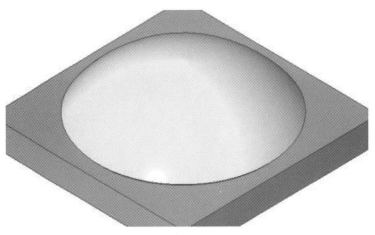

图 3-19

在"属性"面板"材质和装饰"选项区域中单击"材质"后面的"关联族参数"按钮,系统将弹出"关联族参数"对话框,单击对话框左下角"新建参数"按钮(图 3-20),将弹出"参数属性"对话框,在该对话框中输入"名称"为金箔漆,选择"实例"(图 3-21)。在"族类型"对话框中,可以看到添加的材质信息和定义尺寸信息(图 3-22),这些信息在载入项目中,同样可以看到。

图 3-20

图 3-21

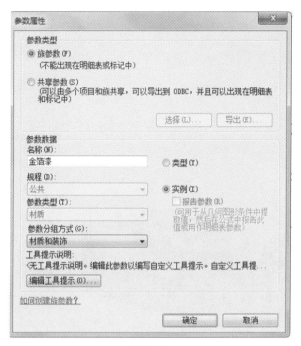

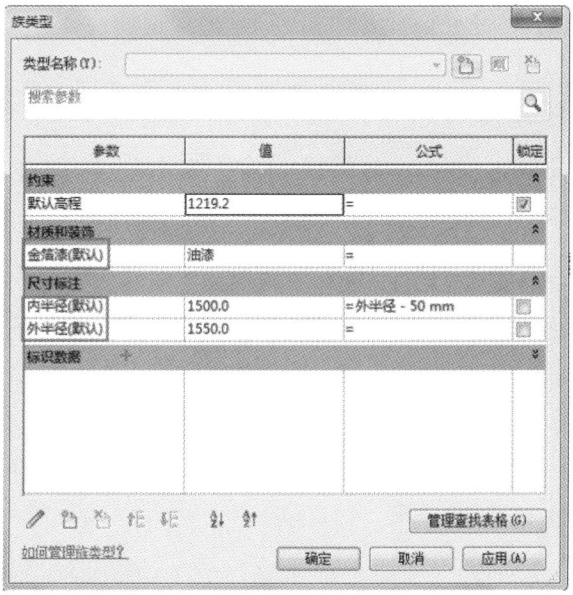

图 3-22

完成模型族创建,保存族文件,单击"载入到项目中"按钮返回项目中,编辑楼板,将族 1 放置在楼板上,穹顶天花完成(图 3-23)。在项目中,同样可以看到材质和尺寸参数,可以控制参数变化(图 3-24),这也是 Revit 软件的一大优势所在。

图 3-23　　　　　　　　　　　　　　　　　　　图 3-24

3.2.3　整体式天花板建模

在项目浏览器中将视图切换至标高 2 楼层平面视图。在"建筑"选项卡"构建"面板中单击"天花板"工具，自动切换至"修改｜放置 天花板"上下文选项卡。

在开始绘制之前，需要在"属性"面板中选择天花板的类型为"复合天花板 - 光面"。自行在系统默认的天花板的基础上进行"复制"与"重命名"新的天花板类型。

开始绘制时，可以将天花板的创建方式设置为"自动创建天花板"。应注意的是，该方法将自动搜索房间边界，生成指定类型的天花板图元。针对没有确切墙体的空间进行绘制时，也可以采用"绘制天花板"命令，使用手动绘制轮廓线的方式绘制天花板轮廓，如图 3-25、图 3-26 所示。

图 3-25　　　　　　　　　　　　　图 3-26

边界绘制完成后，单击"确认"按钮，在"属性"面板中单击"编辑类型"按钮，系统将弹出"类型属性"对话框，在该对话框中单击"结构"后面的"编辑"按钮，系统将弹出"编辑部件"对话框，如图 3-27 所示。在该对话框中设置"面层 2[5]"的材质为"松散 - 石膏板"，如图 3-28 所示。"松散 - 石膏板"的"表面填充图案"选择"模型"，选择"模型"可按真实材料尺寸填充材质。

图 3-27

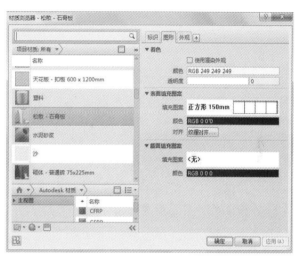

图 3-28

在项目浏览器中将视图切换至天花板视图，整体式 600mm×600mm 网格矿棉板创建如图 3-29 所示。

"属性"面板中的"视图范围"可用来调节平面视图的高度显示范围，如图 3-30、图 3-31 所示。通常，楼层平面视图显示的主要是"剖切面"高度到"底"高度范围内的模型；如果有橱柜等特殊类别的族在"顶"高度以下、"剖切面"高度以上，将会以虚线的形式显示在视图中。

600×600 网格矿棉板创建

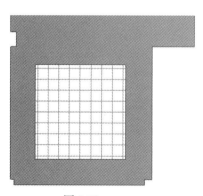

图 3-29

图 3-30

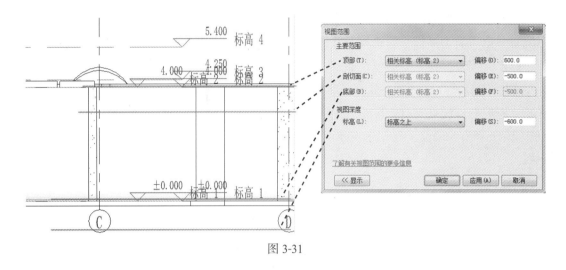

图 3-31

从"顶"高度到"底"高度是视图的"主要范围"。超出"主要范围"的图元如果在"底"高度以下、"视图深度"范围内,将以"超出"的状态显示在视图中。

不在视图的"主要范围"和"视图深度"之内的图元,将不会显示在视图中。

选择图元时,通常会用到"过滤器"(图 3-32)。将所有图元选中,单击"选择"→"过滤器"按钮,系统将弹出"过滤器"对话框,在对话框中,勾选需要选择的图元,单击"确定"按钮退出对话框(图 3-33),没有勾选的图元将不会被选择,选择的将是勾选的类型图元,这在绘图时将会提高效率。

图 3-32

图 3-33

3.2.4 木格栅天花建模

利用"玻璃斜窗"命令可以制作常见的天花板木格栅,在地铁、广场、地下步行街等许多地方的天花板设计中很常见。

具体制作方法如下：

（1）使用"屋顶"命令绘制轮廓。在"建筑"选项卡"构建"面板"屋顶"下拉列表中选择"迹线屋顶"选项（图3-34），绘制矩形轮廓边界，每条边坡度设置为0（图3-35），完成绘制后选择"玻璃斜窗"轮廓边界（"玻璃斜窗"类别在"屋顶"工具"属性"面板中屋顶类型下拉列表最后一项），如图3-36所示。

格栅吊顶创建

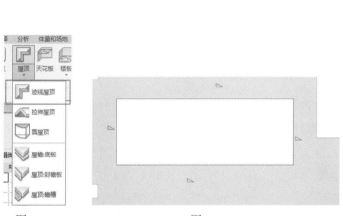

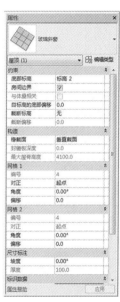

图3-34　　　　　　　图3-35　　　　　　　图3-36

（2）回到"属性"面板，单击"编辑类型"按钮，在弹出的"类型属性"对话框中进行参数的设置，如图3-37所示。

图3-37

（3）最后单击"确定"按钮即可完成天花板木格栅的设置。此种绘制方法的好处非常多，如可以随时调整木格栅的间距、样式、大小等，以及对于整体而言，可以随时双击鼠标更改轮廓边界，后期编辑可能性非常高，如图 3-38 所示。

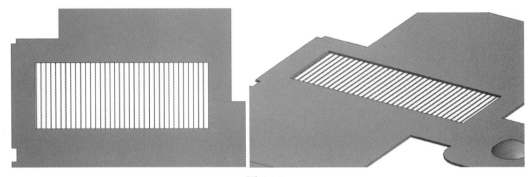

图 3-38

3.2.5 框格吊顶建模

框格吊顶创建

新建项目文件，在"体量和场地"选项卡"概念体量"面板中选择"按视图 设置显示体量"，再在"概念体量"面板中单击"内建体量"命令（图 3-39），系统将弹出"体量 - 显示体量已启用"对话框，表示已启用"显示体量"模式，单击"关闭"按钮退出对话框（图 3-40）。

图 3-39

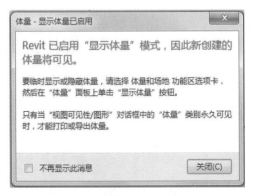

图 3-40

系统弹出"名称"对话框,对话框中显示名称为"体量1",单击"确定"按钮退出对话框(图3-41)。

进入体量绘制模式,在"创建"选项卡"绘制"面板中单击"参照"按钮,在选项栏中勾选"三维捕捉"和"链",绘制"矩形"图形,如图3-42所示。

图 3-41

图 3-42

选择绘制的图形,在"修改|参照线"上下文选项卡"形状"面板"创建形状"下拉列表中选择"实心形状"选项,选择弹出的右侧图标,创建面形状。

在"分割"面板中单击"分割表面"按钮(图3-43)。

图 3-43

生成 U 网格和 V 网格,在"属性"面板中,可调整 U 网格和 V 网格设置的数量和距离等参数(图3-44)。

在"属性"面板类型选择器下拉列表中选择"矩形"选项,项目创建基本完成(图3-45)。

创建新族文件,按前所述方法选择"基于填充图案的公制常规模型",新建族文件。将"属性"面板"尺寸标注"选项区域中的水平间距和垂直间距调整为1000、1000(图3-46)。

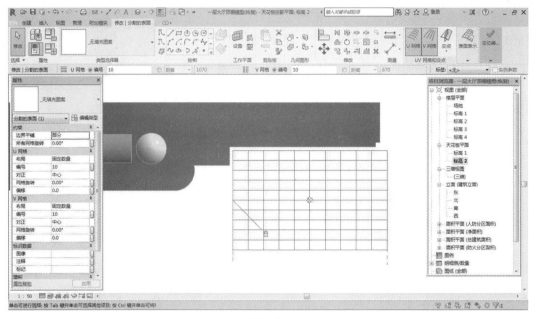

图 3-44

图 3-45

图 3-46

在"工作平面"面板中单击"设置"按钮,选择设置工作平面,如图3-47所示,自动切换至"修改|放置 参照线"上下文选项卡。

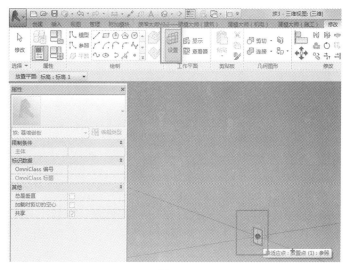

图 3-47

在"绘制"面板中依次单击"参照"→"矩形"按钮,并选择"在工作平面上绘制"选项,在选项栏中勾选"三维捕捉",绘制矩形如图3-48所示。

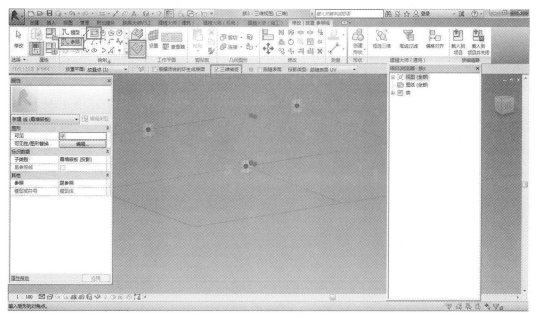

图 3-48

在"属性"面板"标识数据"选项区域中,"是参照线"不勾选,"子类别"选择"幕墙嵌板(投影)"(图3-49)。

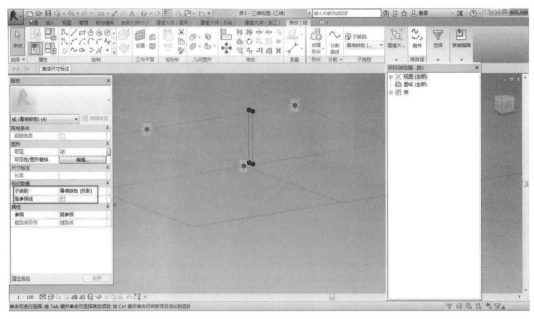

图 3-49

将矩形移动到图 3-50 所示位置。

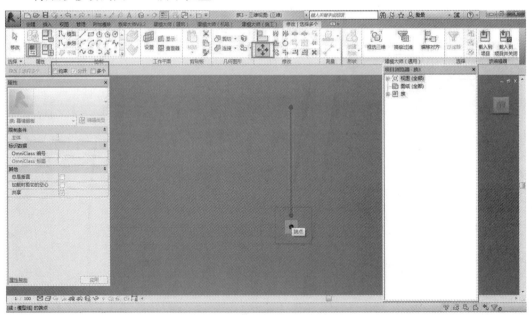

图 3-50

选择参照线和绘制的矩形图元（图 3-51），在"形状"面板"创建形状"下拉列表中选择"实心形状"选项。

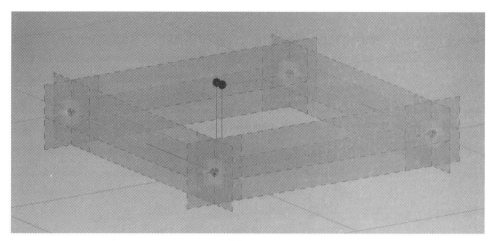

图 3-51

选择弹出的左侧图标,生成一个正方形体框格图形,如图 3-52 所示。

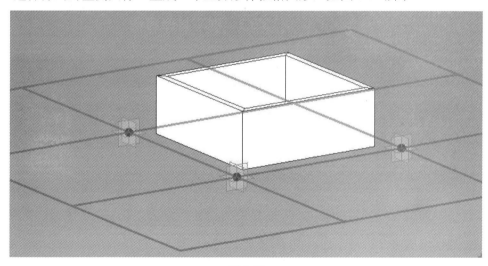

图 3-52

通过修改"属性"面板中的水平间距和垂直间距参数(图 3-53),观察图形创建是否成功。

图 3-53

保存族文件,单击"载入到项目"按钮将族载入到项目。

在"属性"面板类型选择器中选择矩形下框格族文件载入(图 3-54)。

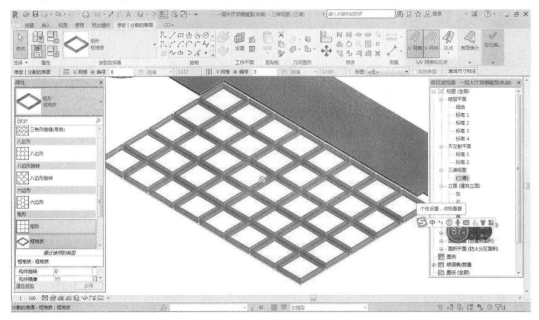

图 3-54

在"属性"面板中勾选"构件翻转"(图 3-55)。

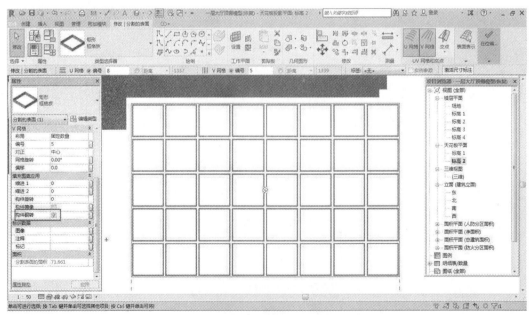

图 3-55

在"属性"面板"限制条件"下的"边界平铺"有三个选项：空、部分、悬挑，选择不同的选项，其结果各不相同。最终效果如图 3-56 所示。

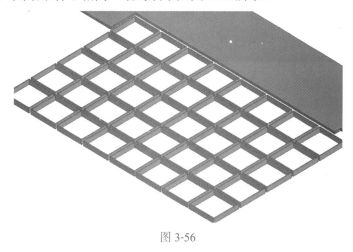

图 3-56

3.3 其他构配件建模

3.3.1 射灯建模

单击"应用程序菜单"按钮，在下拉列表中选择"新建"→"族"命令，在弹出的对话框中选择"公制详图项目"，在"创建"选项卡"详图"面板中选择"线"命令（图 3-57），画出射灯的平面符号，如图 3-58 所示。

射灯创建

图 3-57

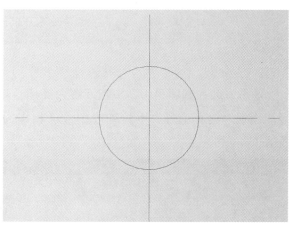

图 3-58

要使注释标记引出来是射灯，则需要对其注释记号进行命名。在"修改"选项卡"属性"面板中单击"族类型"按钮（图3-59），系统弹出"族类型"对话框（图3-60）。

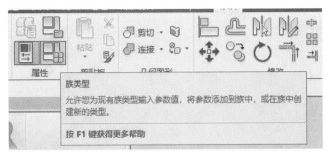

图3-59

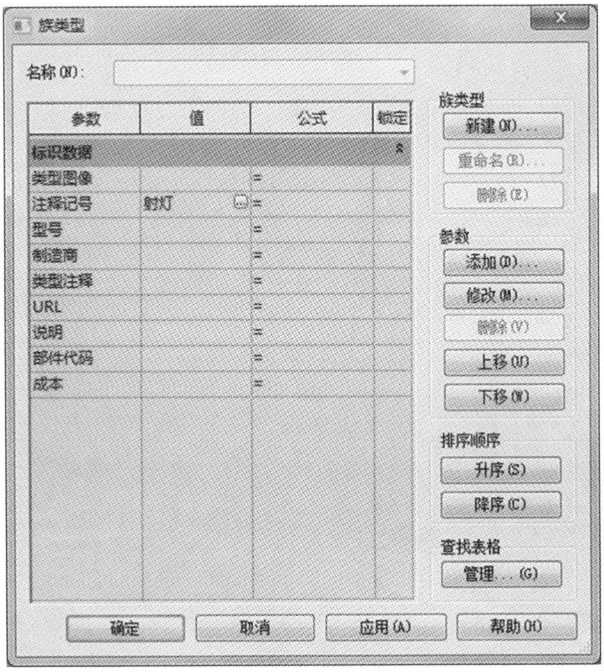

图3-60

单击"载入到项目中"按钮，载入到项目里，进行标记；在"注释"选项卡"标记"面板"注释记号"下拉列表中选择相应的命令（图3-61），绘制结果如图3-62所示。

图3-61

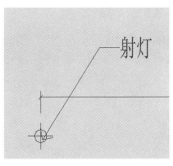

图 3-62

每种族都有注释记号,只要对其进行命名,拾取的结果也会不一样。

3.3.2 空调风口建模

同前所述新建族,在"新族-选择样板文件"对话框中选择"基于面的公制常规模型",绘制参照线,标注尺寸,定义长、宽标签,如图 3-63 所示。

空调风口创建

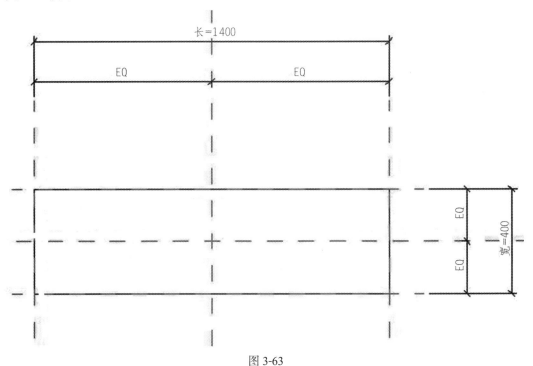

图 3-63

创建空心拉伸,并锁定到参照线(图 3-64)。

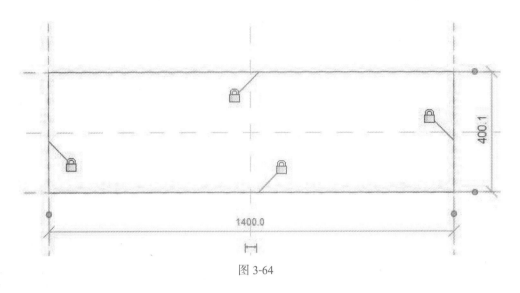

图 3-64

在项目浏览器中将视图切换到前视图,绘制参照线,对齐锁定并标注,添加高度参数(图 3-65)。

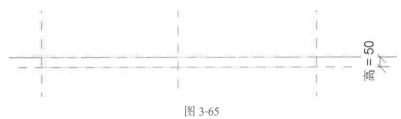

图 3-65

进入三维视图,用剪切工具,形成低洼(图 3-66)。

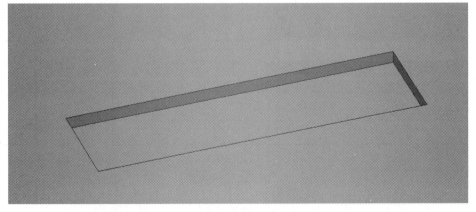

图 3-66

切换到参照平面视图,绘制参照线,创建拉伸,设置拉伸起点为 0,拉伸终点为 –10,全部与参照线对齐锁定,标注拉伸宽度尺寸并锁定(图 3-67)。

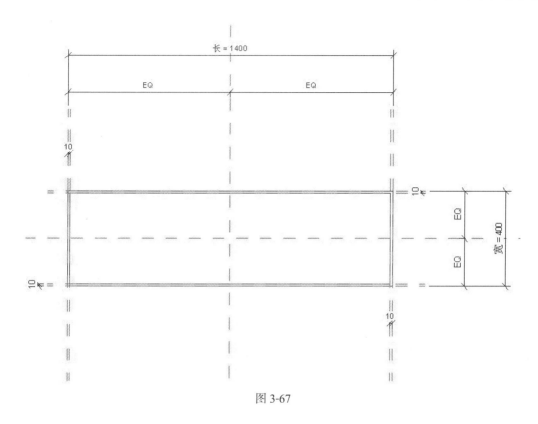

图 3-67

切换至前视图,绘制参照线,对齐锁定外框,标注外框厚度尺寸,添加标签(图 3-68)。

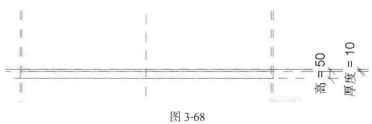

图 3-68

切换至参照平面,创建拉伸,绘制单片风叶,全部对齐锁定,前视图同理对齐锁定之后切换至右视图并旋转 45°(图 3-69)。

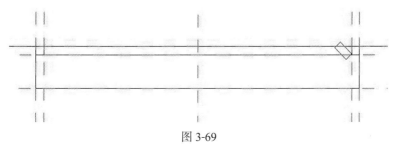

图 3-69

单击选中物体，阵列物体，对阵列数添加个数标签（图3-70）。

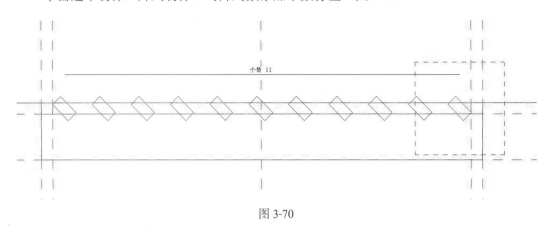

图3-70

最终完成制作，其效果如图3-71所示。

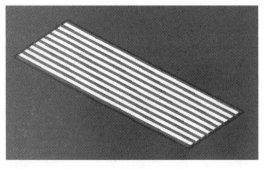

图3-71

3.3.3 钢龙骨族建模

同前所述新建"公制轮廓"族文件，在"项目浏览器"→"楼层平面"中，在"创建"选项卡"详图"面板中选择"线"命令，绘制图形如图3-72所示，并保存族文件，设置路径及保存文件名为"龙骨截面"。

同理，新建"公制常规模型"族文件，在"项目浏览器"→"楼层平面"→"参照标高"视图中，在"创建"选项卡"基准"面板中选择"参照平面"命令，在纵向参照平面两边各绘制一个参照平面，间距为1000mm，并对其标注长度尺寸参数，如图3-73所示。

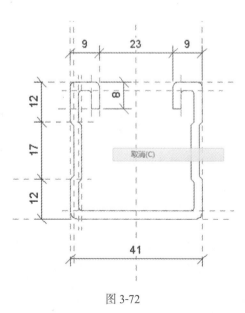

图3-72

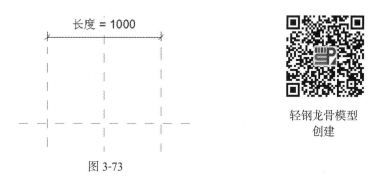

图 3-73

轻钢龙骨模型
创建

在"创建"选项卡"形状"面板中选择"放样"命令，在横向参照平面上绘制路径，且两端均对齐锁定于参照平面上，如图 3-74 所示。

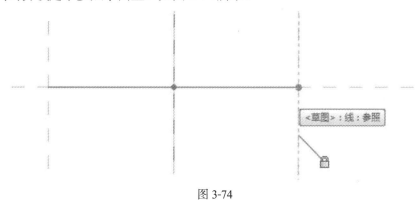

图 3-74

对齐完成后，单击"√"按钮确认结束路径绘制。将之前绘制完成的"龙骨截面"族文件载入本族中，在"放样"面板"轮廓"下拉列表中选择"轻钢龙骨截面"，如图 3-75 所示。两次单击"确认"按钮完成族创建。

图 3-75

在"修改"选项卡"属性"面板中单击"族类型"按钮，系统弹出"族类型"对话框，如图 3-76 所示，在"族类型"对话框中单击"编辑参数"按钮（图 3-76），在弹出的"参数属性"对话框中勾选"共享参数"选项，参数数据勾选"实例"，如图 3-77 所示。最后单击"选择（L）"按钮，在弹出的"共享参数"对话框中单击"编辑（E）"按钮，在弹出的"编辑共享参数"对话框中单击"创建（C）"按钮。在弹出的"创建共享参数文件"对话框中选择文件创建位置，并输入文件名，再单击"保存"按钮，如图 3-78 所示。

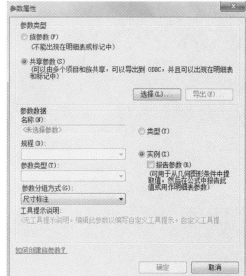

图 3-76　　　　　　　　　　　　　　图 3-77

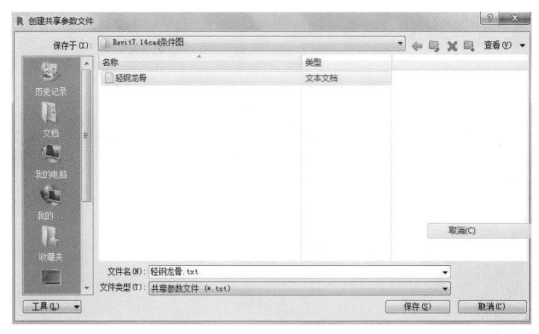

图 3-78

在"编辑共享参数"对话框"组"选项区域中单击"新建（E）"按钮，并在弹出的"新参数组"对话框中输入组名称为"龙骨"；再在"参数"选项区域中单击"新建（N）"按钮，在弹出的"参数属性"对话框中输入参数名称为"龙骨长"，单击"确定"按钮（图 3-79）。重复单击"确定"按钮，直至对话框消失（图 3-80）。

图 3-79

图 3-80

设置路径保存族文件，命名为"龙骨"。新建项目文件，将族文件"龙骨"载入到项目中。此时，可以通过单击选中"龙骨"族后在"属性"面板中"尺寸标注"列表内修改，如图 3-81 所示，还可以在"龙骨"族所在平面中直接单击造型操纵柄来控制长度，如图 3-82 所示。

图 3-81

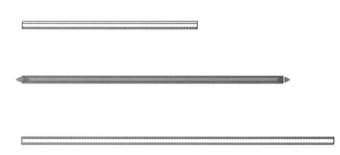
图 3-82

下面，简单介绍一下明细表的功能。

（1）明细表的种类。

在"视图"选项卡"创建"面板"明细表"下拉列表中有"明细表/数量""图形

柱明细表""材质提取""图纸列表""注释块""视图列表"六个选项，它们的主要用途如下：

"明细表/数量"：该明细表是用途最广泛的明细表之一，用于统计各类别图元实例的名称、数量和关键属性等内容。

"图形柱明细表"："图形柱明细表"是特殊的明细表，以可视化的方式统计项目中柱子的高度和位置。

"材质提取"："明细表/数量"明细表以实例为单位，若要查看各实例的材质组成，可用"材质提取"明细表进行统计。

"图纸列表"和"视图列表"："图纸列表"和"视图列表"可以快速统计项目中图纸和视图的信息，主要用于创建图纸目录。

"注释块"："注释块"明细表可统计项目中二维符号的使用情况。

（2）明细表的生成。

制作明细表，应单击选择要生成的明细表种类（如"明细表/数量"等选项），系统将弹出"新建明细表"对话框（图3-83），提示选择需要统计的"类别"，再把该类别下相应字段添加进明细表中作为明细表的列内容，即可生成明细表（图3-84）。

图 3-83

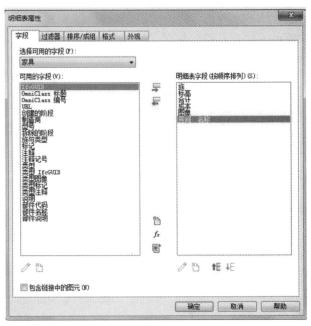

图 3-84

（3）字段。

生成明细表后，单击"属性"面板"字段"后的"编辑"按钮，可返回"明细表属性"对话框对明细表字段进行调整（添加/删除字段、调整字段顺序等）（图3-85）。

图 3-85

(4) 过滤器。

单击"属性"面板"过滤器"后的"编辑"按钮,可在弹出的"明细表属性"对话框中为明细表添加过滤条件,如图 3-86 所示,明细表将根据过滤器的限制,对不满足要求的数据进行隐藏,不统计在明细表中。

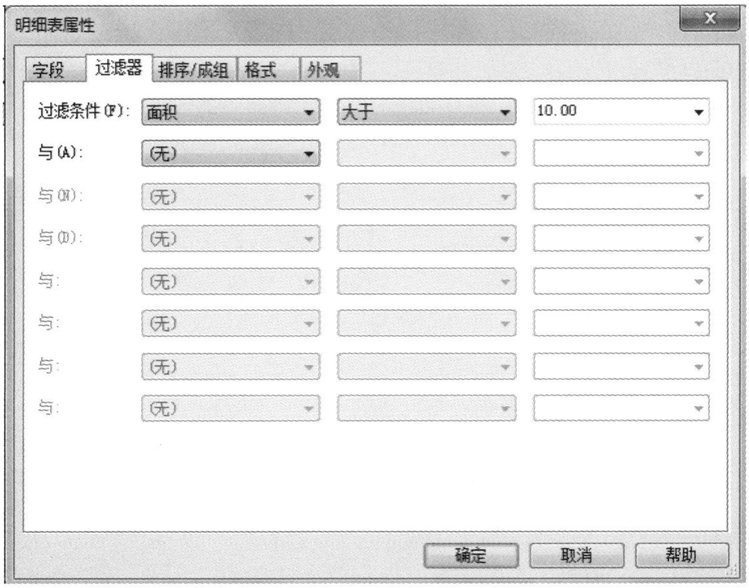

图 3-86

（5）排序/成组。

单击"属性"面板"排序/成组"后的"编辑"按钮，可在弹出的"明细表属性"对话框中对明细表中的数据的显示和排序方式进行具体设置（图3-87）。

图 3-87

排序：可将数据按某一字段值进行排序，相同值的情况下，再按其他字段值排列，这样能保证数据行的整齐清晰。

页眉或页脚：在排序方式下勾选"页眉"或"页脚"后，可使排序后的图表分隔显示。

成组：当勾选"排序/成组"面板中的"逐项列举每个实例"选项时，数据行将逐一显示在明细表中；取消勾选"逐项列举每个实例"选项后，明细表将会把排序信息一致的数据行合并显示。

总计：勾选"总计"选项后，在明细表最下方将出现汇总行，提供总数据的显示位置（图3-88）。

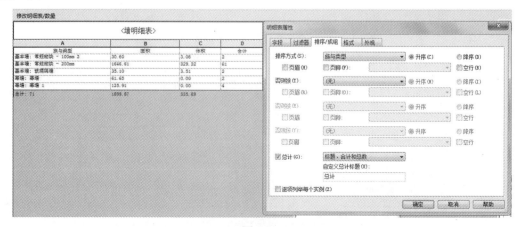

图 3-88

（6）格式。

单击"属性"面板"格式"后的"编辑"按钮，可在弹出的"明细表属性"对话框中对明细表中各字段的名称、单位等内容进行更深入的设置（图3-89）。

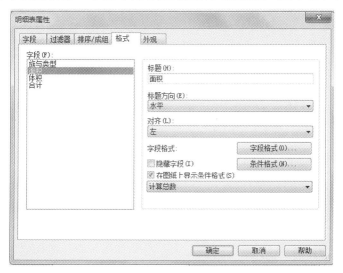

图 3-89

（7）外观。

单击"属性"面板"外观"后的"编辑"按钮，可在弹出的"明细表属性"对话框中修改明细表中所显示的网格线样式和字体样式（应注意的是，这些样式有些不会在明细表视图中显示）（图3-90）。

图 3-90

在明细表视图的上下文选项卡中，"标题和页眉"面板和"外观"面板中的命令可

131

单独调整明细表标题栏和字段名称的字体、底色和边界等细节（图3-91）。

图3-91

在明细表中框选选中两列以上的字段名称，再在"修改明细表/数量"上下文选项卡"标题和页眉"面板中单击"成组"命令，可将字段合并为一组。

图3-92

"修改明细表/数量"上下文选项卡"行"和"列"面板中的命令可对明细表的行、列进行添加、尺寸调整、删除和隐藏等操作（图3-92）。

（8）明细表计算值的应用。

在明细表中，"计算值"能对已有字段进行计算，在"修改明细表/数量"上下文选项卡"参数"面板中单击"计算（f_x）"按钮，在弹出的"计算值"对话框中，可定义新字段的名称、数据类型和计算公式，单击"确定"按钮，明细表将增加一列用以显示计算结果。

（9）导出明细表。

明细表能通过"应用程序菜单"中的"导出"命令将数据导出成txt文本（导出的txt文本可直接复制粘贴到Excel表格中使用）（图3-93）。

（10）保存明细表。

用户可以将制作好的明细表格式保存下来，供下一个项目直接使用。其操作方法是：在"项目浏览器"中创建好的明细表名称上右击，在弹出的快捷菜单中选择"保存到新文件"命令，可将明细表单独保存成项目文件（图3-94）。

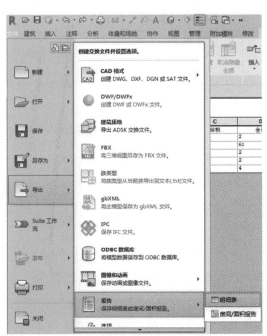

图3-93

图 3-94

[案例示范]

在"视图"选项卡"创建"面板中"明细表"下拉列表中选择"明细表/数量"选项，如图 3-95 所示。在弹出的"新建明细表"对话框中，"类别"列表中选择"常规模型"，修改名称为"龙骨明细表"，再单击"确定"按钮来创建明细表，如图 3-96 所示。

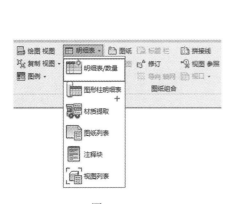

图 3-95

图 3-96

在弹出的"明细表属性"对话框中，在"字段"选项卡"可用字段"列表中选择族、标高、龙骨长、合计四个字段添加到右边"明细表字段"中，如图 3-97 所示；在"排序/成组"选项卡中勾选"总计（G）"，如图 3-98 所示；在"格式"选项卡中单击"字段"列表中"龙骨长"字段，勾选"计算总数（C）"，如图 3-99 所示，同样，将"合计"

字段的"计算总数（C）"勾选；完成后单击"确定"按钮，最终结果如图 3-100 所示。

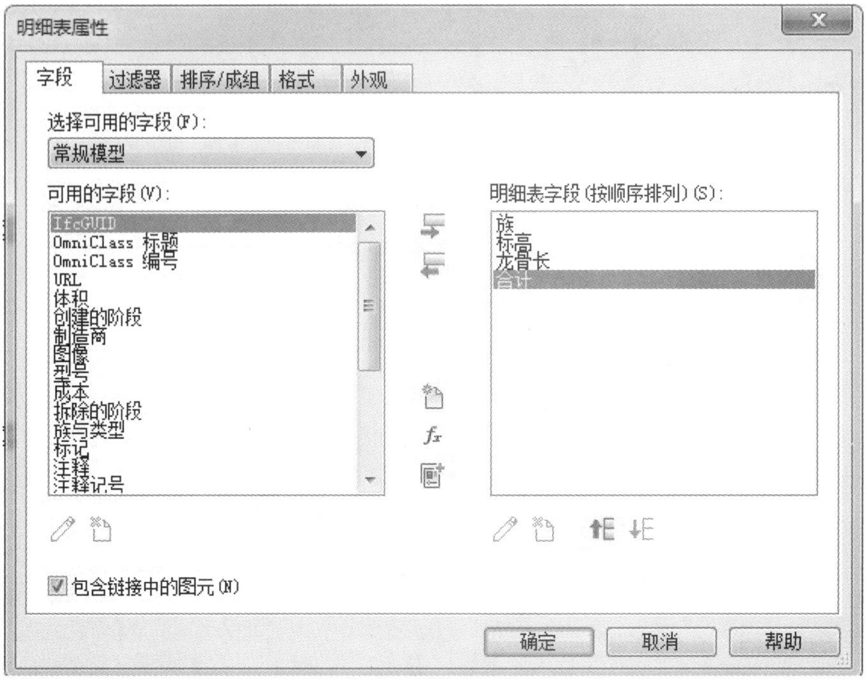

图 3-97

图 3-98

图 3-99

修改明细表/数量　新建　删除

<龙骨明细表>

A	B	C	D
族	标高	龙骨长	合计
轻钢龙骨主龙骨构	标高 1	1000	1
轻钢龙骨主龙骨构	标高 1	1500	1
轻钢龙骨主龙骨构	标高 1	1800	1
总计：3		4300	3

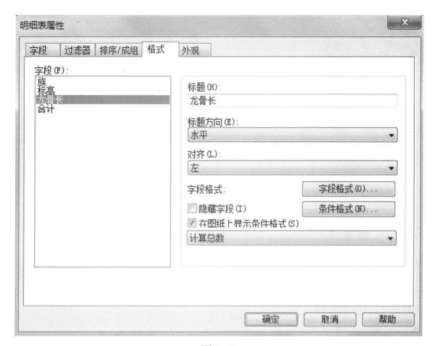

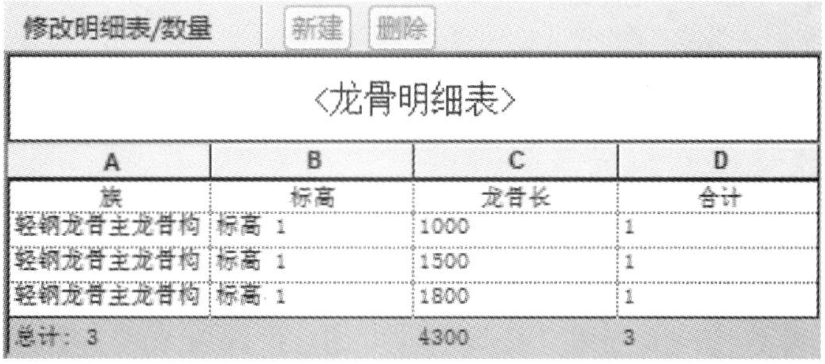

图 3-100

龙骨族完成样例，如图 3-101 所示。

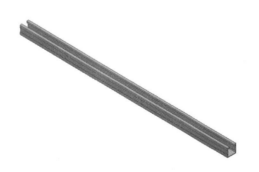

图 3-101

楼地面拼花创建

教学导入

本章将对项目案例中的楼地面模型创建进行阐述,主要运用零件功能来完成各种复杂地面拼花造型,实用性很强。

学习要点

零件

4.1 零　　件

拼花地面零件的创建

楼地面模型创建主要是地板材料(材质及规格)的创建,在 Revit 软件中一般通过"楼板"即可创建,也可通过"零件"功能导入 CAD 图形来完成。

"零件"功能是把一个图元分成若干个图元。在绘图区域中创建一个地板,选中地板,自动切换至"修改 | 楼板"上下文选项卡,单击"创建"面板中的"创建零件"按钮(图 4-1),地面将依据其组成拆分成不同的零件(图 4-2)。

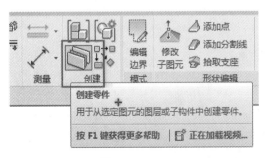

图 4-1　　　　　　　　　　　图 4-2

用户可以单独对拆分成的不同零件分别进行选择和编辑，勾选"属性"面板中的"显示造型操纵柄"选项，即可以分别拖曳不同零件的外形、对零件进行微调、修改零件的外形等。同时，用户也可以修改零件的材质，取消勾选"属性"面板中的"通过原始分类的材质"选项，即可修改下面的"材质"（图4-3）。选中零件，自动切换至"修改｜组成部分"上下文选项卡，在"零件"面板中单击"重设形状"按钮，可将零件返回原来的形状和尺寸；或在"排除"面板中单击"排除零件"按钮，可将零件去掉（图4-4）。

图4-3

图4-4

或选中零件后，在"排除"面板中单击"恢复零件"按钮，则可以恢复修改后的零件形状。用户对零件的修改，主要是对模型进行深化，这种修改并不会影响到地面原来的状态，在"三维视图"属性面板中，可以看到"零件可见性"有"显示零件""显示原状态""显示两者"三个选项（图4-5）。

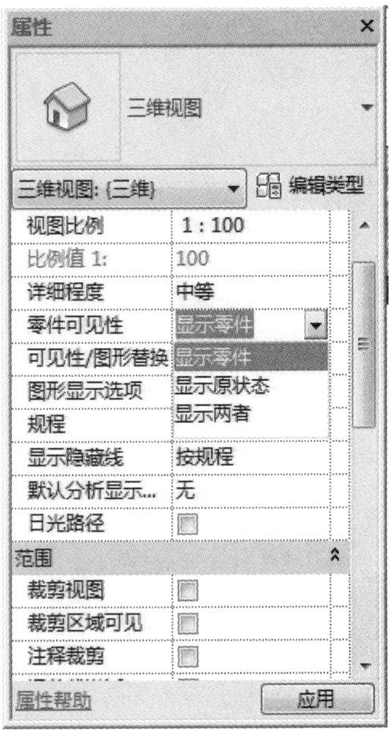

当为"显示零件"状态时，用户是不可以把其作为对象来编辑的，如创建了一个墙零件，要在墙上插入一个门，是无法在"显示零件"状态下插入的，此时，可以切换到"显示原状态"，就可以操作了，然后再调整到"显示零件"状态，就可以显示了。

"零件"功能通常用于地面铺贴石材瓷砖或墙面干挂石材，如地面铺贴石材，用户可以把地面转换为零件后，再对它进行细化，选中地面，自动切换至"修改｜组成部

图4-5

分"上下文选项卡,在"零件"面板中单击"分割零件"按钮,自动切换至"修改|分区"上下文选项卡,在"绘制"面板中选择"编辑草图"命令,在"工作平面"面板中单击"设置"按钮,在弹出的"工作平面"对话框中勾选"拾取一个平面"选项,拾取"地面"为工作平面,随后即可以在地面上绘制瓷砖或石材,切换至楼层平面"标高 1"视图,自定义外边界和地砖排布的分格线,绘制完成后单击确认"完成编辑模式"按钮,完成后能拆分的部分将以绿色线框显示,再次单击"完成编辑模式"按钮,地面层将变成一块块的地砖分块了(图 4-6)。选中零件,继续编辑分格,在"属性"面板中将"分区几何图形"下的"间隙"由"0"改为"5.0",零件的材料分格之间就会产生一个 5mm 的缝隙,类似于铺地砖时的间隙。使用这个功能,还可以为地面创建更复杂的拼花图案(图 4-7)。

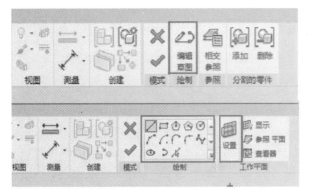 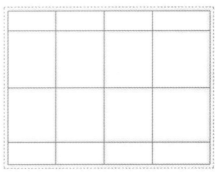

图 4-6

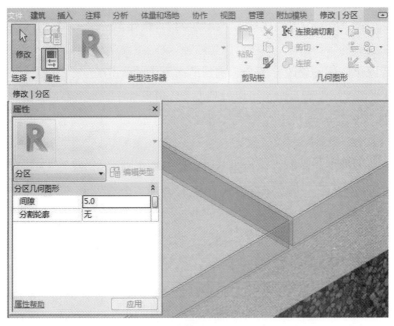

图 4-7

4.2 地面拼花建模

创建楼板,沿平面轮廓绘制边界直线,创建"常规-150mm"楼板,在"属性"面板中单击"编辑类型"按钮,系统弹出"类型属性"对话框,复制类型并重新命名为"地面拼花",单击"结构"后面"编辑"按钮,系统弹出"编辑部件"对话框,在对话框中修改结构厚度为150mm,并创建厚度为50mm厚大理石面层(图4-8)。

图4-8

选择楼板,在"修改|楼板"上下文选项卡"创建"面板中单击"创建零件"按钮,开启零件,即可看到50mm厚大理石面层(图4-9)。

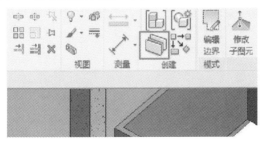

图4-9

进入三维视图,选择50mm厚大理石面层,在"修改|组成部分"上下文选项卡"零件"面板中选择"分割零件"命令(图4-10),在"修改|分区"上下文选项卡"绘制"面板中选择"编辑草图"命令(图4-11),在"工作平面"面板中选择"设置"命令,在弹出的"工作平面"对话框中勾选"拾取一个平面"选项,拾取一个工作平面

（图 4-12、图 4-13）。保持此绘制状态，插入 AutoCAD 地面拼花图文件，将拼花移动到合适位置（图 4-14～图 4-16）。

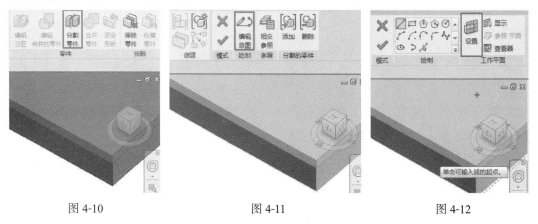

图 4-10　　　　　　　　　图 4-11　　　　　　　　　图 4-12

图 4-13　　　　　　　　　　　　　　图 4-14

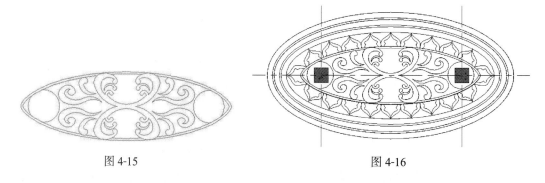

图 4-15　　　　　　　　　　　　　图 4-16

按上述方法将地面所有拼花及大堂周围波打线载入文件模型中即可，如图 4-17 所示。

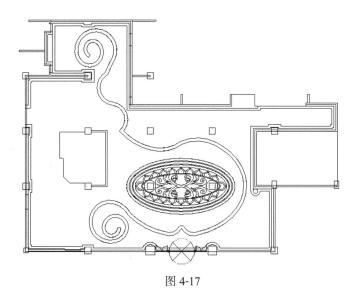

图 4-17

进入标高 1 视图,在"属性"面板"图形"选项区域,将"零件可见性"选择"显示原状态"(图 4-18),选中楼板,按前述方法将材质面层设置为"星河米黄石材"(图 4-19)。

图 4-18

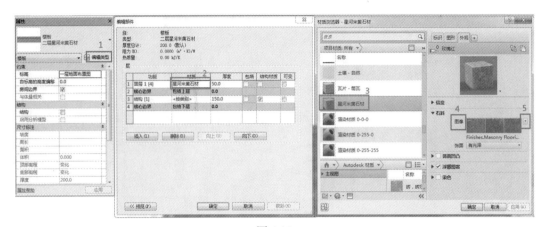

图 4-19

调整视图属性,将"零件可见性"选择为"显示零件"。

选择蛇形波打线及周圈波打线,在"属性"面板中,取消勾选"通过原始分类的材质"(图 4-20),赋予"凡尔赛金石材波打线"材质(图 4-21)。选择云纹拼花图案,赋予"松香玉石材"材质(图 4-22)。

选择木地板,赋予"木地板"材质。至此一层地面图绘制完成,如图 4-23 所示。

图 4-20

图 4-21

第4章 楼地面拼花创建

图 4-22

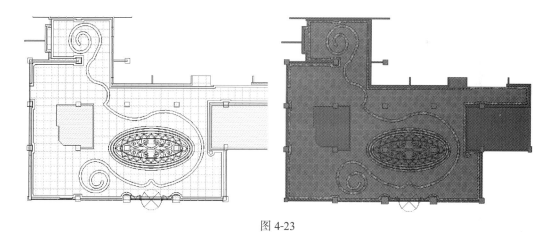

图 4-23

4.3 楼板面层拼花建模

在项目浏览器中将视图切换至楼层平面"标高 2"视图，并创建二层楼面。绘制楼板边界，生成挑空门厅的二层楼板，赋予"星河米黄石材"材质；生成卫生间楼板，绘制卫生间楼板边界线，并赋予"瓷砖地面"材质；生成地毯楼板，绘制地毯楼板边界线，

143

并赋予"地毯"材质,如图 4-24 所示。生成二层楼板面图如图 4-25 所示。

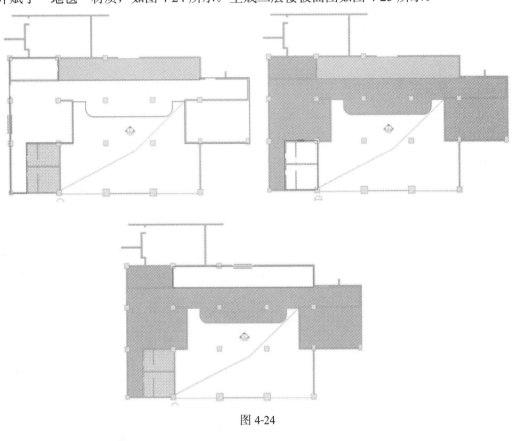

图 4-24

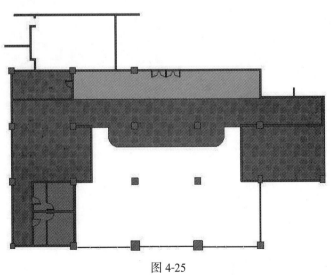

图 4-25

第5章 门窗创建

教学导入

本章将对门窗族的创建进行论述，其中5.1节为创建门族，5.2节、5.3节为创建窗族，操作方法及流程实用性强，为读者后续学习族建模打下良好的基础。

学习要点

门族

窗族

门窗是族文件的一种类型，通常直接载入软件自带的族文件，建模时直接单击门窗插入墙中即可。Revit软件自带大量门窗族模型，一般可满足设计要求；如遇到特殊类型门窗，用户也可以自己创建族文件，通过模型创建赋予参数材质等，再载入到项目中使用。

5.1 门族建模

（1）选择族样板。单击"应用程序菜单"按钮，在级联菜单中选择"新建"→"族"命令，在弹出的"新族—选择样板文件"对话框中选择"公制门"选项。

（2）修改门洞尺寸，并绘制平、立面开启线。在"创建"选项卡"属性"面板中单击"族类型"按钮，在弹出的"族类型"对话框中修改尺寸标注，宽度改为1800mm，高度改为2100mm（图5-1、图5-2）。

门族创建

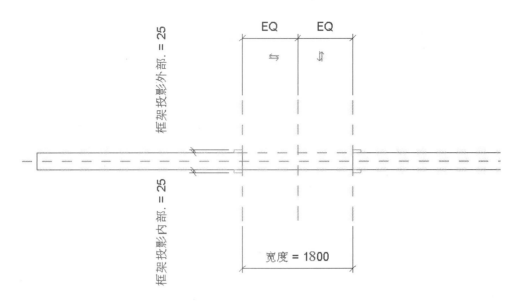

图 5-1

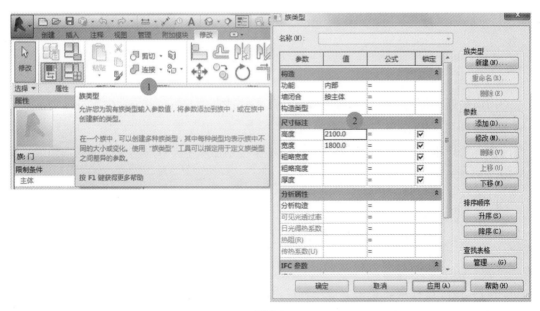

图 5-2

(3)在项目浏览器中将视图切换至参照标高视图,在"注释"选项卡"详图"面板中单击"符号线"按钮(图 5-3),自动切换至"修改 | 放置 符号线"上下文选项卡,在"子类别"面板中选择"平面打开方向 [投影]"选项(图 5-4),然后单击"绘制"面板中的"矩形"按钮和"圆弧线"按钮,绘制门开启线的圆弧部分。同理,可绘制立面图中的门开启线,如图 5-5 所示。

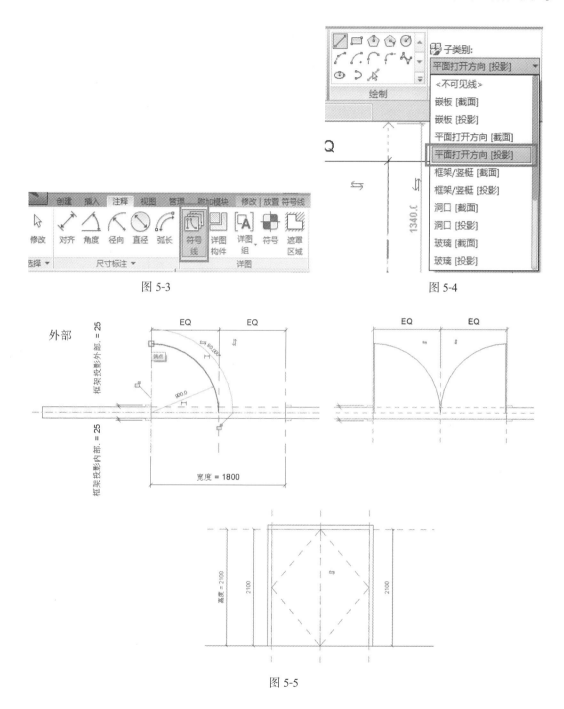

图 5-3　　　　　　　　　图 5-4

图 5-5

（4）创建门板，实心拉伸。在项目浏览器中将视图切换至外部立面视图，然后在"创建"选项卡"形状"面板中单击"拉伸"按钮，再在"绘制"面板中单击"矩形"按钮（图 5-6），按图 5-7 所示尺寸绘制两个矩形框。完成后单击"√"按钮，绘制结果如图 5-8 所示。

图 5-6

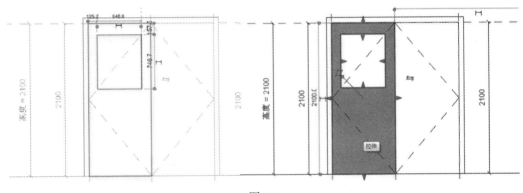

图 5-7

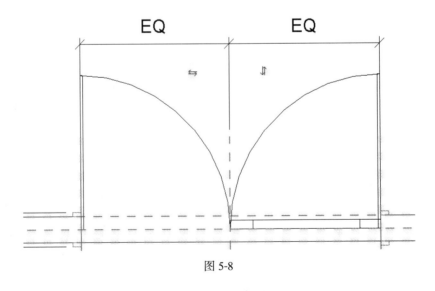

图 5-8

（5）创建门玻璃。在项目浏览器中将视图切换至外部立面视图，然后在"创建"选项卡"形状"面板中单击"拉伸"按钮，再在"绘制"面板中单击"矩形"按钮，按图 5-9 所示的尺寸绘制矩形框。完成后单击"√"按钮。

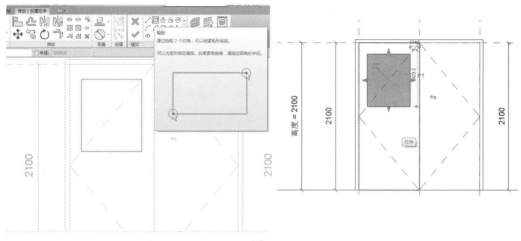

图 5-9

（6）为门和门板玻璃添加材质参数。选中门板，在"属性"面板"材质和装饰"选项区域中单击材质"按类别"后面的"关联族参数"按钮，弹出"关联族参数"对话框，单击"添加参数"按钮，在弹出的"参数属性"对话框中为门添加一个名称为"门板材料"的材质参数，单击"确定"按钮完成添加（图 5-10）。使用同样的方法为门玻璃添加材质参数。

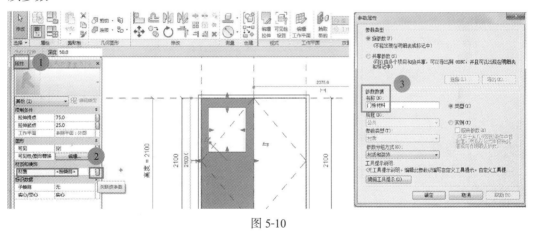

图 5-10

（7）在"修改"选项卡"属性"面板中单击"族类型"按钮，在弹出的"族类型"对话框中单击"门板材料"后面所对应的按钮，在弹出的"材质浏览器"对话框中选择材质，预设门板和玻璃的材质如图 5-11 所示。材质设置如图 5-12～图 5-14 所示。

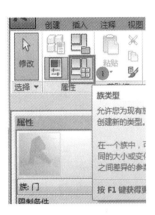
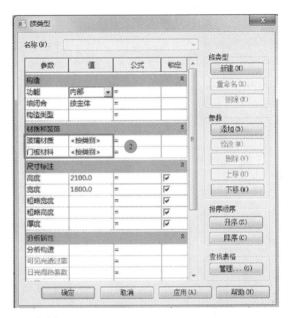

图 5-11

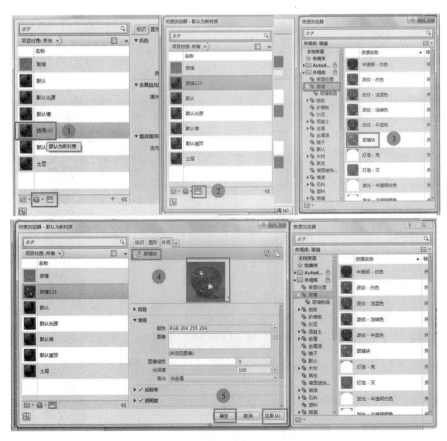

图 5-12

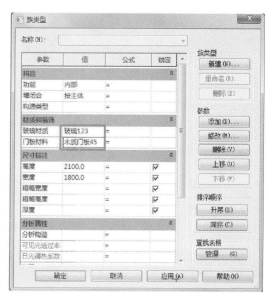

图 5-13

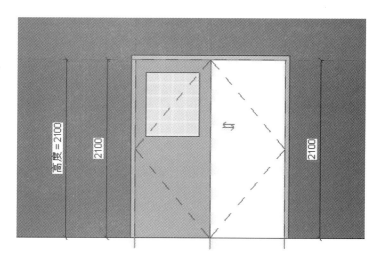

图 5-14

（8）同时选中左边的门板和玻璃，然后使用"修改"选项卡"修改"面板中的"镜像"按钮创建右扇门，如图 5-15、图 5-16 所示。

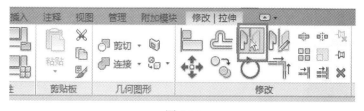

图 5-15

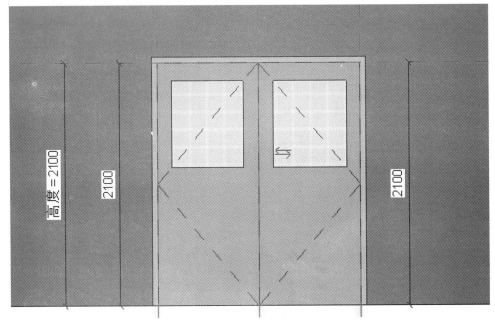

图 5-16

（9）载入门把手族。在"插入"选项卡"从库中载入"面板中单击"载入族"按钮，在弹出的"载入族"对话框中依次选择"建筑"→"门"→"门构件"→"拉手"→"立式长拉手3"，单击"打开"按钮，再在"创建"选项卡"模型"面板中单击"构件"按钮（图5-17），将载入的门把手放置在如图5-18所示的位置，完成拉手的创建制作。最终模型如图5-19所示。

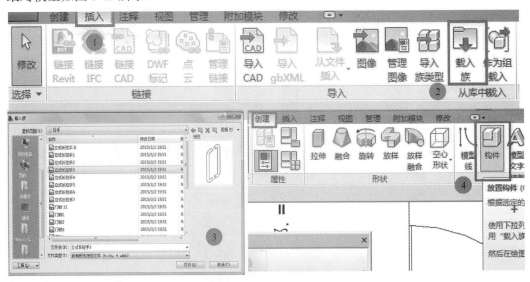

图 5-17

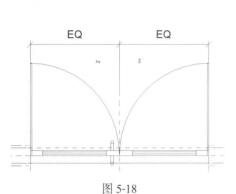
图 5-18

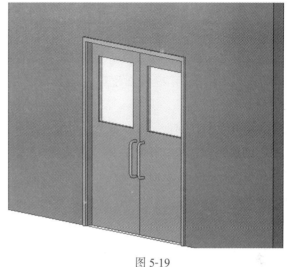
图 5-19

5.2 百叶窗建模

（1）同前所述新建族，在"新族—选择样板文件"对话框中选择"基于面的公制常规模型"，在项目浏览器中将视图切换至楼层平面下的"参照标高"视图，并按前述方法，绘制参照线，标注尺寸，定义标签"长度"和"宽度"参数，选择实例参数；继续绘制参照线，标注尺寸，定义标签"距离边线"参数，选择实例参数；在"创建"选项卡"形状"面板中单击"拉伸"按钮，创建拉伸物体，对齐参照线分别绘制内外两个矩形，外矩形锁定边线，内矩形单击"对齐"命令将边线与参照线锁定，确认完成，如图 5-20 所示。设置物体拉伸起点为 0，拉伸终点为 50mm。

百叶窗建模

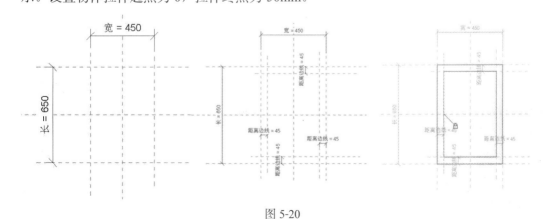
图 5-20

（2）同前所述，继续创建新族，在"新族—选择样板文件"对话框中选择"基于面的公制常规模型"，在项目浏览器中将视图切换至前立面视图，绘制参照线，标注尺寸，定义标签"长度"和"宽度"参数，选择实例参数（图5-21）。

（3）同前所述，继续创建新族，在"新族—选择样板文件"对话框中选择"基于面的公制常规模型"，切换至参照标高视图，绘制参照线，标注尺寸，定义标签"叶宽"；切换至前立面视图，绘制参照线，标注尺寸，定义标签"叶厚"；切换至右立面视图，创建拉伸物体，绘制百叶，并旋转45°。如图5-22所示，确定完成。切换至参照标高视图，拉伸终点设为600mm，拉伸起点设为–600mm，并将百叶边线与参照线对齐锁定（图5-23）。

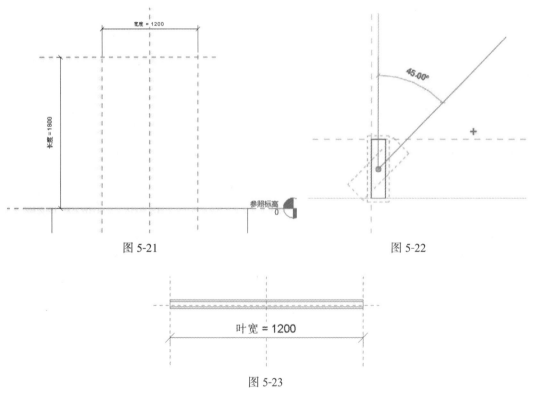

图5-21　　　　　　　　　　　　　　图5-22

图5-23

（4）将族3载入到族2中，选择"放置在垂直面上"选项，将百叶放入视图中。选中百叶，在"属性"面板中单击"尺寸标注"后的"关联族参数"按钮，在弹出的"关联族参数"对话框中将百叶叶宽与族2宽度参数关联（图5-24）。

（5）阵列。切换至前视图，选择百叶，在"修改 | 常规模型"上下文选项卡"修改"面板中单击"阵列"命令，在选项栏中分别勾选"成组并关联"和"约束"，"项目数"默认设置为2，并选择"最后一个"，如图5-25所示。对齐锁定百叶边线与族2长度上下参照边线，如图5-26所示。

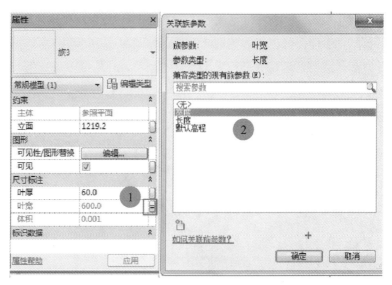

图 5-24

图 5-25

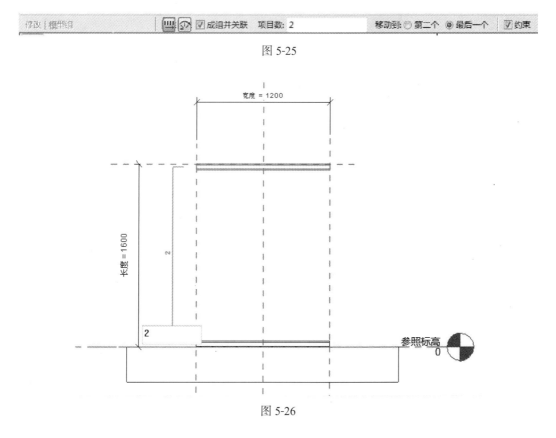

图 5-26

（6）设置百叶个数。选中其中一个扇叶，左边出现扇叶的个数，选中数字，在状态栏"标签"下拉菜单中选择"添加参数"选项，弹出"参数属性"对话框，在对话框中将参数名称设置为"扇叶个数",完成后单击"确定"按钮,单击族类型,可以看到面板中显示扇叶个数为 12,可任意调整扇叶数量,如图 5-27 所示。

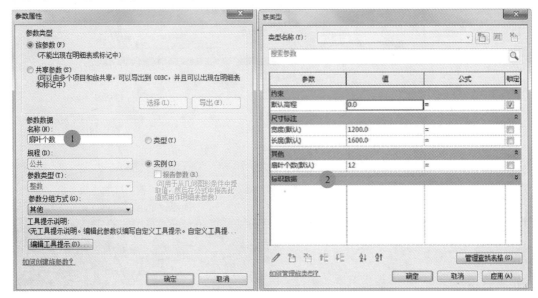

图 5-27

(7)将族 2 载入到族 1 中,选择"放置在垂直面上"选项,将百叶的长度、宽度与族 1 长度、宽度关联族参数,完成制作(图 5-28)。

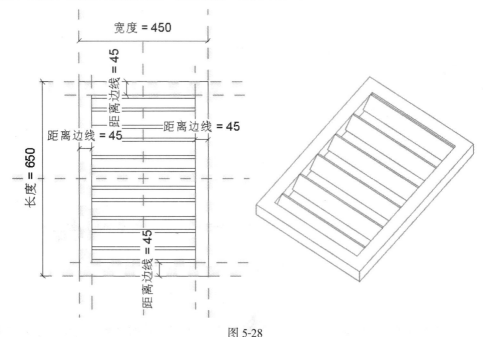

图 5-28

5.3 花格窗创建

花格窗创建

（1）同前所述，新建族"自适应公制常规模型"，绘制参照线，锁定边线与参照线，并绘制矩形添加标签，定义长度、宽度尺寸，如图 5-29 所示。

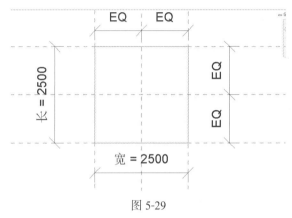

图 5-29

在"工作平面"面板中单击"设置"按钮，设置选择工作平面。在工作平面上绘制多边形边框（图 5-30）。

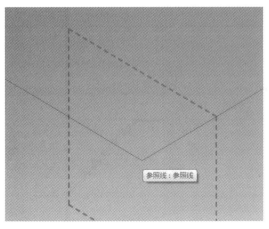
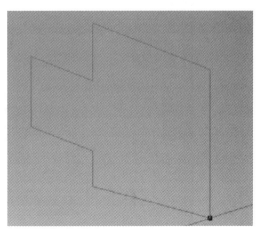

图 5-30

（2）选择前面绘制的两个图形框，在"形状"面板"创建形状"下拉列表中选择"实心形状"选项，选择右侧面形状图标，生成矩形窗边框，如图 5-31 所示。

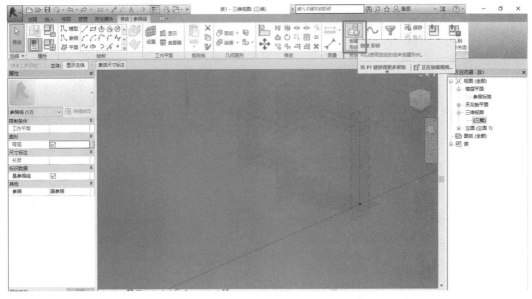

图 5-31

(3)切换至立面图,绘制边框线的中线,捕捉中线,绘制厚度参照线,并添加标签,定义参数如图 5-32 所示。

(4)同前所述,在"工作平面"面板中单击"设置"按钮,拾取一个平面,选择立面图中的中线参照线面(图 5-33)。

(5)系统弹出"转到视图"对话框,选择"楼层平面:参照标高",单击"打开视图"按钮(图 5-34)。

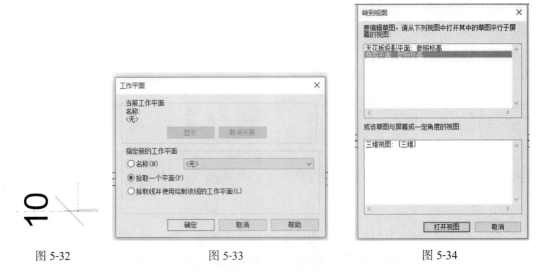

图 5-32　　　　　　　图 5-33　　　　　　　图 5-34

(6)绘制间隙参照线如图 5-35 所示,并添加参数,定义标签,锁定参照线。

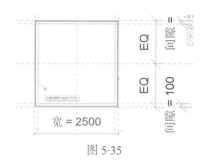

图 5-35

（7）依据参照线，依次选择"参照"→"矩形"→"在面上绘制"，在选项栏中取消勾选"三维捕捉"，绘制并锁定边线；在"形状"面板"创建形状"下拉列表中选择"实心形状"选项，选择弹出的右侧图标，面形状，生成面（图 5-36）。

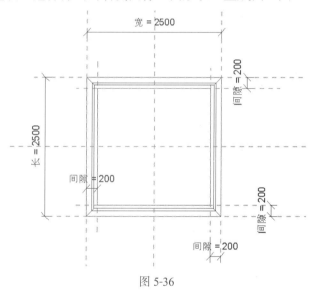

图 5-36

（8）选择生成的面形状，单击"分割表面"按钮（图 5-37），在"属性"面板中选择八边形旋转，生成八边形网格（图 5-38）。

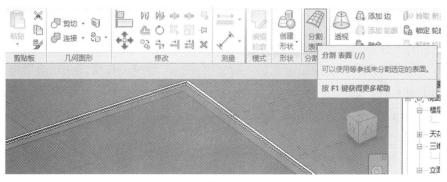

图 5-37

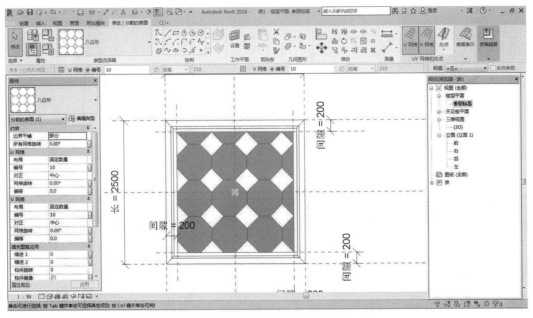

图 5-38

（9）继续创建族"基于填充图案的公制常规模型"。单击参照面，在"属性"面板中将矩形图案设为水平间距 1000mm，垂直间距 1000mm（图 5-39）。

图 5-39

（10）单击参照面，在"属性"面板中选择"八边形旋转"选项（图 5-40）。

（11）在"工作平面"面板中单击"设置"按钮，设定工作面，在八边形边线上绘制矩形框（图 5-41）。

（12）选中八边形与矩形边框（图 5-42），在"形状"面板"创建形状"下拉列表中选择"实心形状"选项。

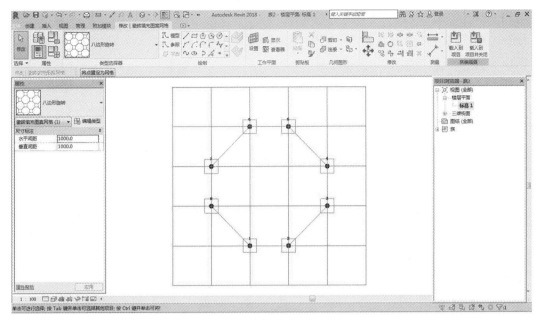

图 5-40

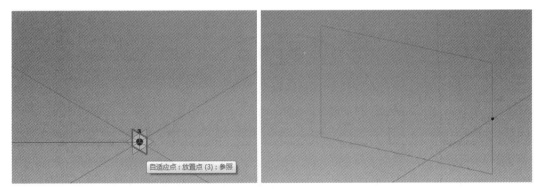

图 5-41

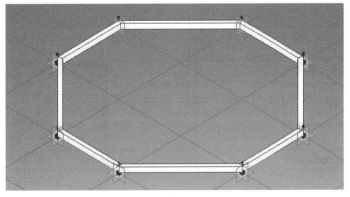

图 5-42

（13）保存族文件，将创建好的族载入项目中。

（14）在"属性"面板类型选择器中选择"八边形旋转 八边形框"，生成图案网格，如图5-43所示。

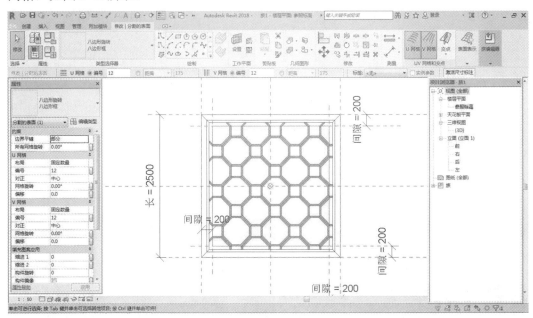

图 5-43

（15）调整参数，制作完成，如图5-44所示。

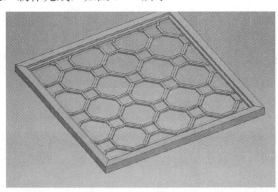

图 5-44

家具布置

教学导入

本章将对项目案例中的家具模型的创建进行比较详细的阐述，其中 6.1 节介绍二维家具族创建，6.2 节详细介绍总服务台造型和构造模型两种创建方法，6.3 节至 6.5 节介绍不同家具的族创建方法。

学习要点

家具族

构件族

家具是 Revit 族中的一个重要类别，多用于室内装饰设计阶段。家具族一般可分两类：二维家具族和三维家具族。在某些特定的视图中不需要显示家具族的三维模型时，可以用二维图形代替。下面将按功能分类分别介绍家具族的二维图形与三维模型创建过程。

6.1 平面家具

6.1.1 CAD 线转详图线

（1）打开项目文件，切换至标高 1 视图。打开三人沙发族文件，载入族块至项目文件。在"建筑"选项卡"构件"面板中单击"放置构件"按钮，通过移动、旋转、镜像等命令将沙发族依次放置至合适位置。然后，依次放置角几、茶几、二人沙发等家具族，如图 6-1 所示。

家具二维族

（2）在"属性"面板中单击"可见性/图形替换"后的"编辑"按钮，或输入快捷命令 VV，在弹出的"楼层平面：标高 1 的可见性/图形替换"对话框中，将"注释类别"

选项卡中的"轴网"(拖动滑动按钮点选)、"尺寸标注"(拖动滑动按钮点选)、"材质标记"取消勾选,单击"确定"按钮关闭这些图元的显示(图6-2)。

图 6-1

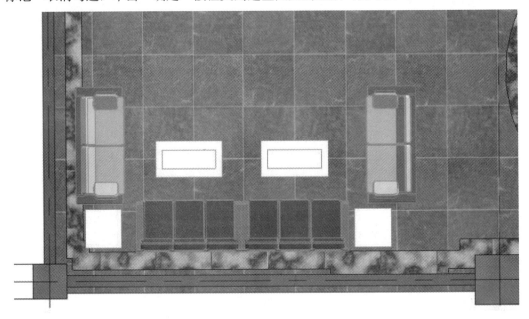

图 6-2

载入平面家具图 CAD 文件，移动到与项目标高 1 平面对齐，如图 6-3 所示。

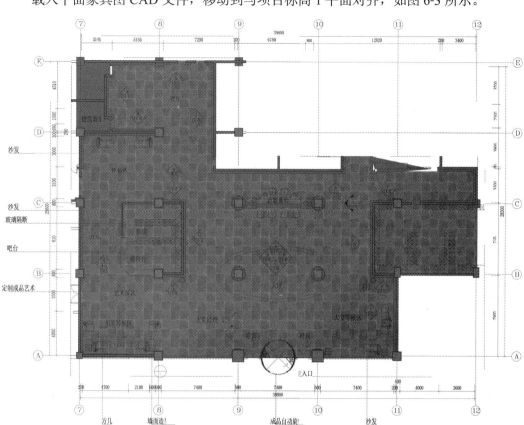

图 6-3

（3）绘制更衣室的柜子。新建族"公制详图项目"，将家具平面图 CAD 文件插入到详图项目中，在"创建"选项卡"详图"面板中单击"线"按钮，自动切换至"修改｜设置 线"上下文选项卡，在"绘制"面板中单击"拾取线"按钮（图 6-4），依次绘制或拾取储藏柜轮廓线（图 6-5），在柜体轮廓线区域添加遮罩区域（图 6-6），保存族文件并载入到项目中。至此，储藏柜二维平面添加成功（图 6-7）。

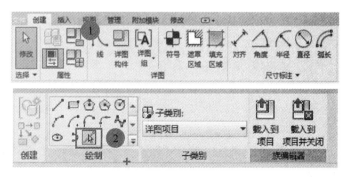

图 6-4

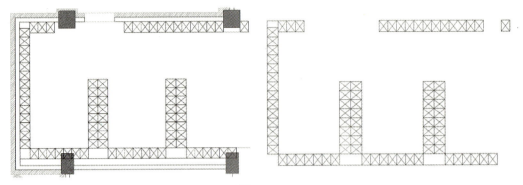

图 6-5

图 6-6

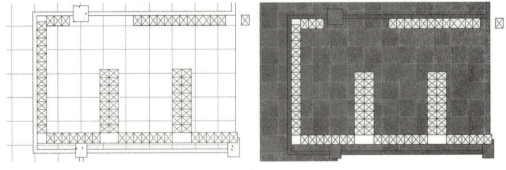

图 6-7

6.1.2 平面家具图例注释

(1) 注释记号标记。创建族"公制常规标记",删除红色文字行(图 6-8)。

在"属性"面板中单击"族类型和族参数"按钮,系统弹出"族类别和族参数"对话框,在对话框中选择"注释记号标记"并单击"确定"按钮(图 6-9)。

注释记号标记

(2) 在"创建"选项卡"文字"面板中选择"标签"命令,自动切换至"修改 | 设置 标签"上下文选项卡,在绘图区域单击空白处,弹出"编辑标签"对话框,在对话框中输入"关键值"和"注释记号文字",勾选断开,确认完成,如图 6-10 所示。

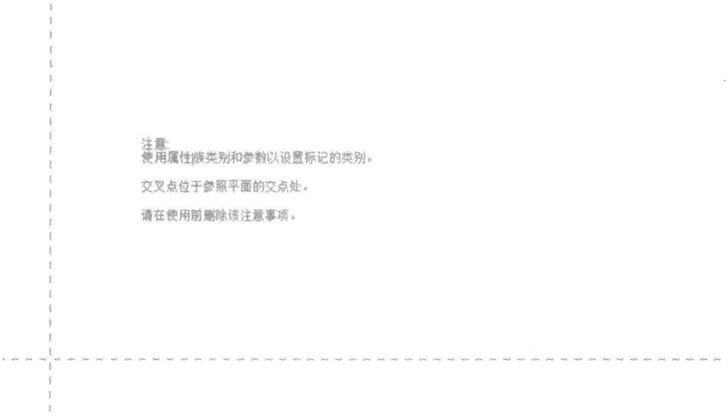

注意:
使用属性|族类别和参数以设置标记的类别。
交叉点位于参照平面的交点处。
请在使用前删除该注意事项。

图 6-8

属性
编辑类型
编辑部件
材质浏览器 - 星河米黄石材
星河米黄石材
确定
取消

图 6-9

Autodesk Revit 2018
标签
编辑标签
选择要添加到标签中的参数。参数将组合到单个标签中。
请输入在族环境中表示此标签的样例值。
类别参数
标签参数
关键值
注释记号文字
12050
双人沙发
确定(O)
取消(C)
应用(A)

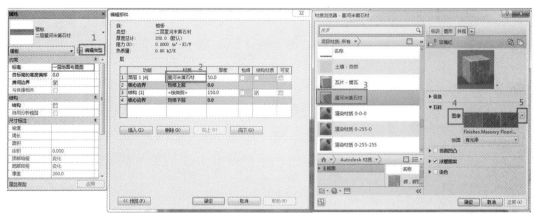

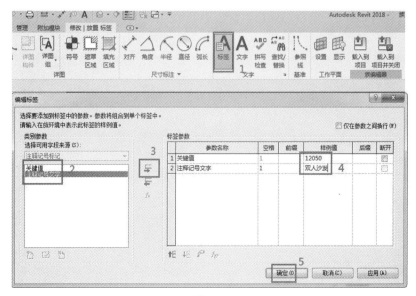

图 6-10

创建线，绘制矩形线框，如图 6-11 所示。

创建"文字"，输入"GF"，如图 6-12 所示。

创建"填充区域"，编辑类型属性，调整填充颜色，将背景由"不透明"调整为"透明"（图 6-13）。最终效果如图 6-14 所示，保存族文件并载入到项目中。至此，注释记号族创建成功。

图 6-11

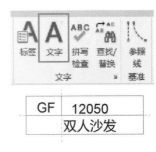

图 6-12

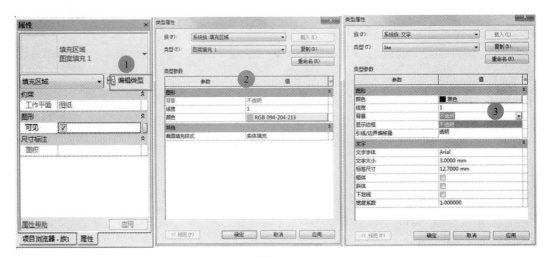

图 6-13

图 6-14

6.1.3 注释记号

（1）在"注释"选项卡"标记"面板"注释记号"下拉列表中选择"用户注释记号"

选项（图 6-15），在视图中选择家具进行标注。下面以总服务台工作椅为例介绍注释方法。

（2）在绘图区域引注出标注符号，系统弹出"注释记号"对话框，如图 6-16 所示。"注释记号"对话框中分为两列，前列为"关键值"，后列为"注释记号文字"。单击"12000"的"+"号，将显示所有的家具，如工作椅未在其中，用户可以通过以下方法获得：

① 用记事本打开 C:\ProgramData\Autodesk\RVT2018\Libraries\china\RevitKeynotes_CHS.txt 文件。

② 在记事本中找到"12400　家具和附件　12000"，按 <Enter> 键输入空白行，修改文本"12400.A4　办公椅　12400"，应注意的是，"12400.A1"和"办公椅"、"办公椅"和"12400"之间不是空格，而是按 <Tab> 键生成的空白，修改后保存文件即可（图 6-17）。

图 6-15

图 6-16

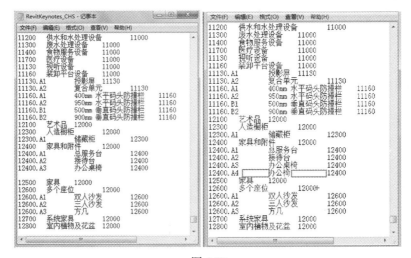

图 6-17

在"注释"选项卡"标记"面板"注释记号"下拉列表中选择"注释记号设置"选项（图 6-18），在弹出的"注释记号设置"对话框中重新载入注释记号表文件（图 6-19）。

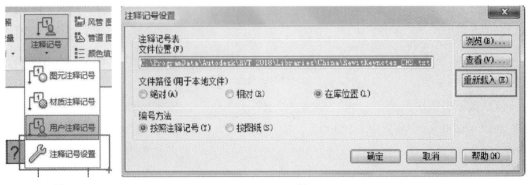

图 6-18　　　　　　　　　　　　图 6-19

此时可以看到，添加的办公椅已经出现在注释记号中，即可解决注释记号是问号的问题（图 6-20）。逐一将注释文字标注，即可生成一层平面布置图（图 6-21）。

图 6-20

第6章 家具布置

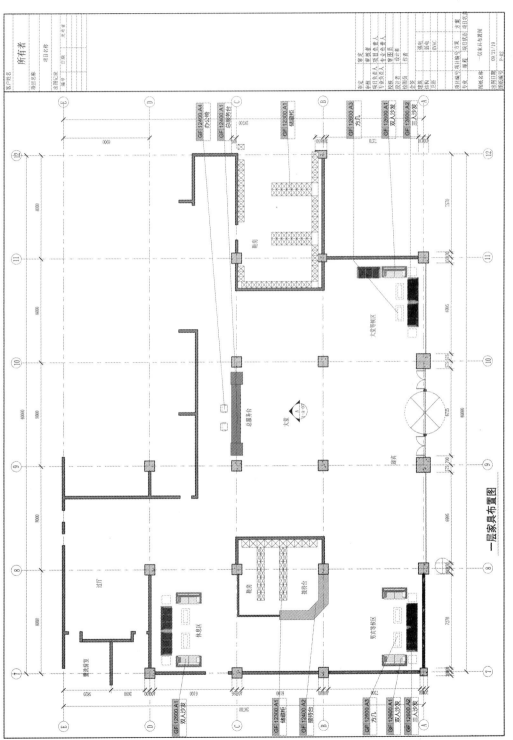

图 6-21

6.1.4 洁具布置

（1）绘制二层家具，卫生间布置洁具。绘制二楼卫生间洁具，输入快捷命令 RP，绘制参照线，如图 6-22 所示。在"建筑"选项卡"构建"面板"构件"下拉列表中选择"内建模型"选项（图 6-23），在弹出的"族类别和族参数"对话框中选择"卫浴装置"，在"创建"选项卡"形状"面板中选择"拉伸"按钮（图 6-24），创建厕所隔间隔断，如图 6-25 所示。

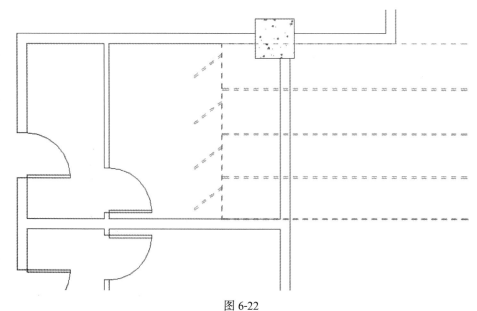

图 6-22

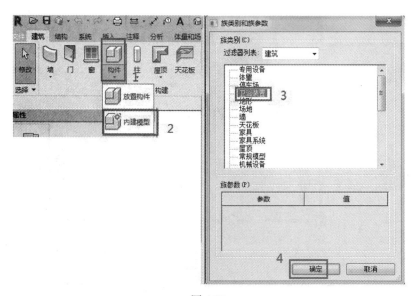

图 6-23

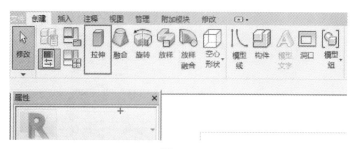

图 6-24

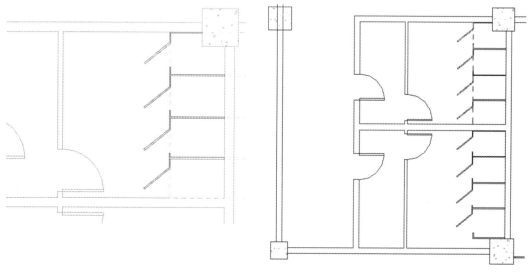

图 6-25

（2）复制厕所隔间到女厕，载入"坐便器"族，依次复制；载入"洗面池""墩布池""小便器"族，如图 6-26 所示。

（3）载入"沙发""茶几""办公桌""办公椅"等族文件，放置到合适位置，完成二层休息区及办公室的布置，如图 6-27 所示。最终二层平面布置图如图 6-28 所示。

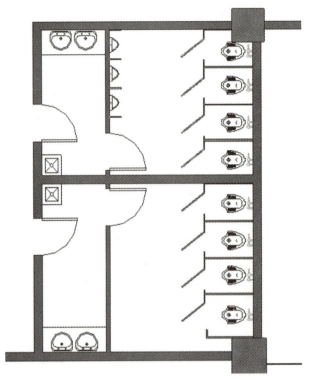

图 6-26

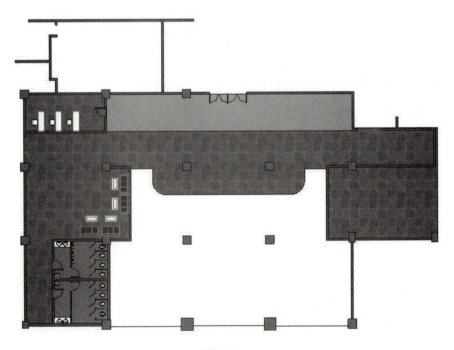

图 6-27

第6章 家具布置

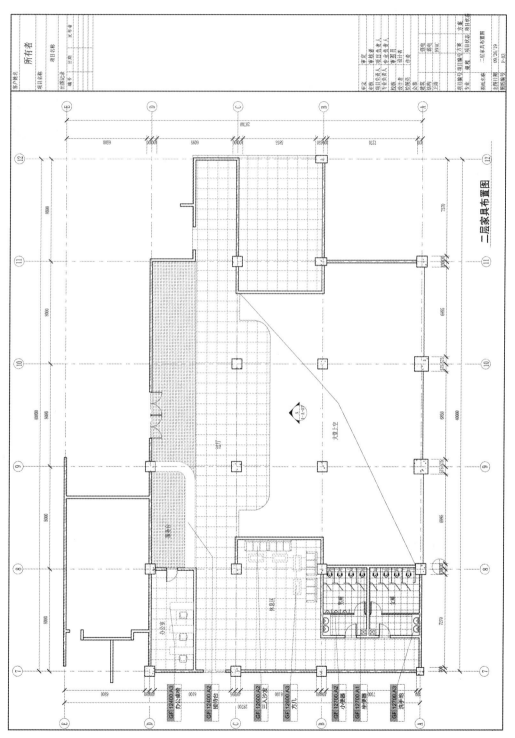

图 6-28

6.2 家具建模

6.2.1 总服务台建模

总服务台建模

(1)创建新族,选择"公制常规模型"。在项目浏览器中将视图切换至"楼层平面:参照标高"平面视图,输入快捷命令 RP,绘制参照线,如图 6-29 所示。

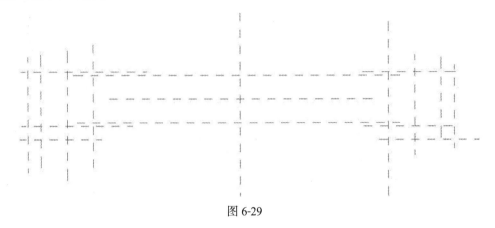

图 6-29

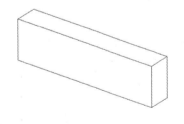

图 6-30

创建"拉伸"实体造型,服务台主体柜身(图 6-30);创建"融合",两侧斜向造型,切换至参照标高视图,绘制底面矩形 1,切换至前立面图,设置工作平面为顶部参照线(图 6-31);进入参照平面,绘制顶部矩形 2(图 6-32),生成一侧斜向造型台柜,镜像生成另一侧(图 6-33)。

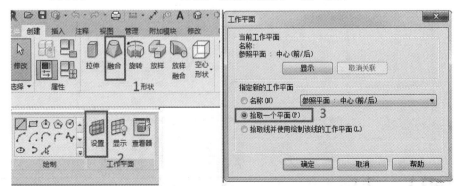

图 6-31

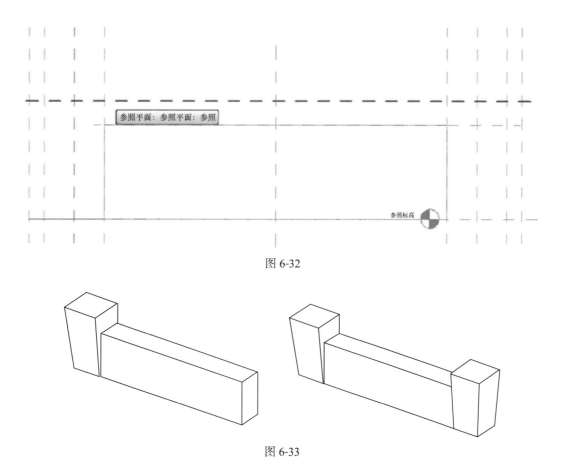

图 6-32

图 6-33

切换至前立面视图,绘制参照线,如图 6-34 所示;进入参照平面,创建"拉伸"实体造型,如图 6-35 所示;创建"空心形状"→"空心拉伸",生成空心形状三角形造型,剪切出如图 6-36、图 6-37 所示的造型。

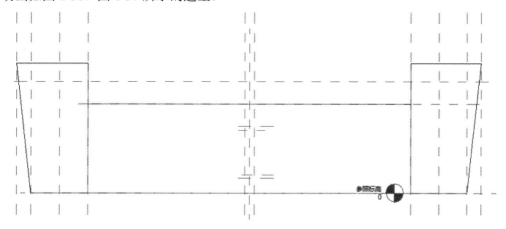

图 6-34

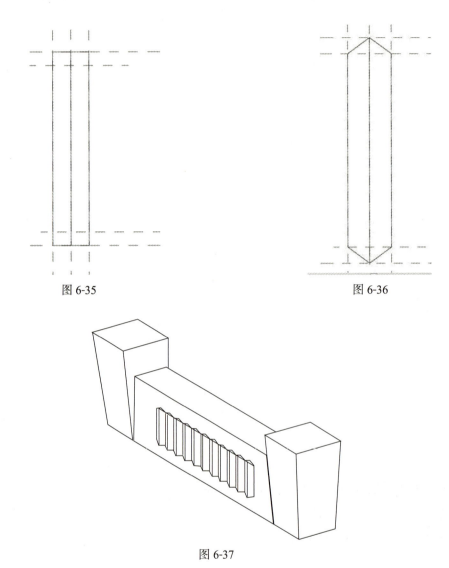

图 6-35

图 6-36

图 6-37

用"放样"命令创建服务台柜顶、柜底线脚，如图 6-38 所示。最终总服务台几何造型如图 6-38 所示。

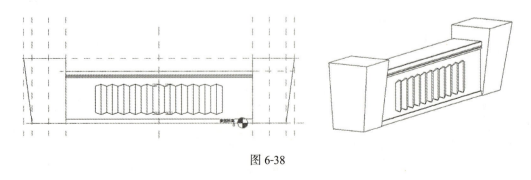

图 6-38

上面介绍的是创建总服务台造型，下面介绍总服务台实际构造（带龙骨）模型创建过程，其效果如图 6-39 所示。

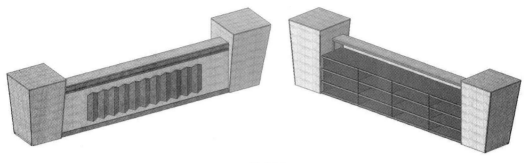

图 6-39

（2）新建族"公制常规模型"，新建木龙骨族（图 6-40），标注尺寸，添加龙骨长度参数。新建总服务台族"公制常规模型"，将木龙骨族载入总服务台族中，调整木龙骨位置及长度，如图 6-41 所示，构建总服务台木龙骨骨架。

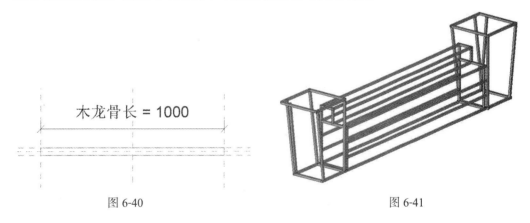

图 6-40　　　　　　　　　　　　　　图 6-41

（3）新建细木工板面板族"基于面的常规模型"，如图 6-42 所示。标注尺寸，定义"长度""宽度""厚度"等参数。将细木工板面板族载入总服务台族中，调整尺寸及位置，如图 6-43 所示。

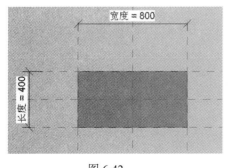 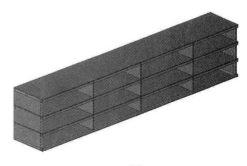

图 6-42　　　　　　　　　　　　　　图 6-43

（4）新建石材面板族"基于面的公制常规模型"，如图 6-44 所示。标注尺寸，定义"长度""宽度""厚度"等参数。将石材面板族载入总服务台族中，调整尺寸及位置，如图 6-45 所示。

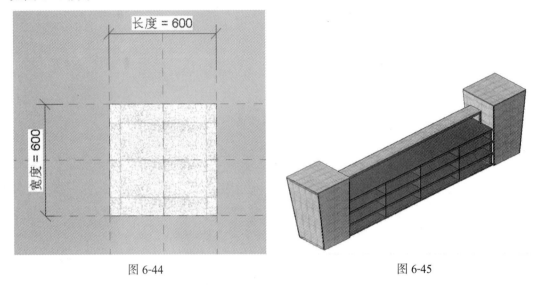

图 6-44   图 6-45

总服务台构造模型创建完成，如图 6-45 所示。可将建好的族模型载入到项目中，创建剖面构造详图，标注尺寸及文字，如图 6-46 所示。

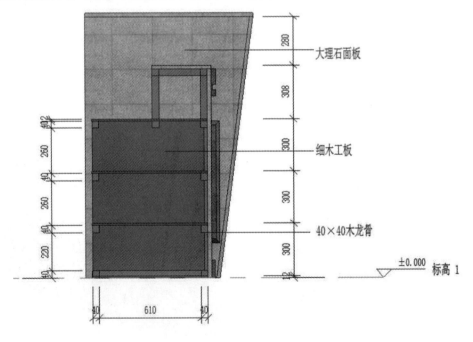

图 6-46

6.2.2 餐桌建模

（1）打开 Revit 软件，单击界面左侧"族"下面的"新建"命令，在弹出的"新族—选择样板文件"对话框中选择"公制家具.rft"，单击"打开"按钮。在项目浏览器中选择"楼层平面：参照标高"视图，绘制参照线，标注并创建参数，如图 6-47（a）所示。切换至前立面视图，绘制参照线，标注并添加参数，如图 6-47（b）所示。

餐桌建模

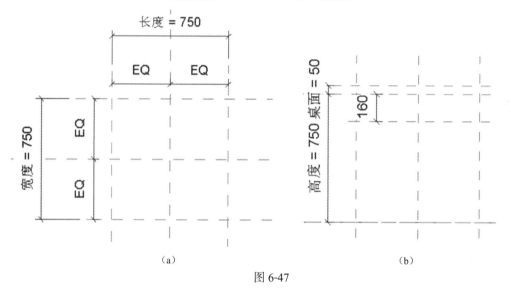

图 6-47

（2）创建餐桌主体。在"创建"选项卡"形状"面板中单击"放样"按钮，自动切换至"修改|放样"上下文选项卡，在"放样"面板中单击"绘制路径"按钮，在"绘制"面板中单击"矩形"按钮（图 6-48），绘制图形并锁定，如图 6-49 所示；单击"属性"面板中"材质和装饰"列表内"材质"栏后"关联族参数"按钮，在弹出的"关联族参数"对话框中单击"新建参数"按钮，在弹出的"参数属性"对话框中输入参数数据"名称"为"桌面材质"，单击两次"确定"按钮退出（图 6-50）。

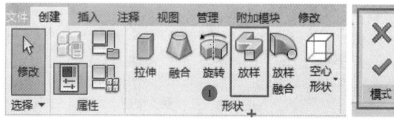 

图 6-48

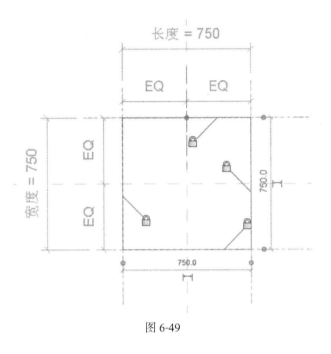

图 6-49

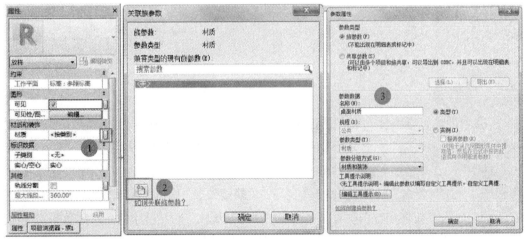

图 6-50

图 6-51

（3）在"修改｜放样"选项卡"放样"面板中单击"编辑轮廓"按钮，如图 6-51 所示，在弹出的"转到视图"对话框中选择"立面：右"，单击"打开视图"按钮，如图 6-52 所示，在上方两条参照平面处绘制截面，在"绘制"面板中单击"直线"命令和"起点-终点-半径弧"按钮，绘制图形，并与上下参照线对齐锁定，如图 6-53 所示。单击"√"按钮完成绘制。

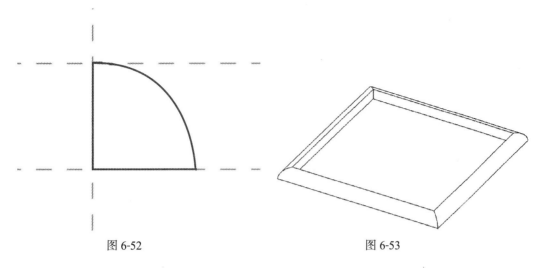

图 6-52　　　　　　　　　　　图 6-53

（4）回到"参照标高"视图，在"创建"选项卡"形状"面板中单击"拉伸"按钮，在"修改｜创建拉伸"上下文选项卡"绘制"面板中单击"矩形"按钮，绘制图形并锁定（图 6-54）。切换至"立面：前"视图，调整桌面高度，并与上下参照线对齐锁定，如图 6-55 所示。在"属性"面板"材质和装饰"选项区域中单击"材质"后"关联族参数"按钮，在弹出的"关联族参数"对话框中选择"桌面材质"，单击"确定"按钮退出对话框（图 6-56）。

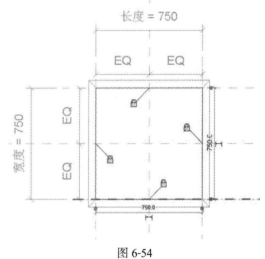

图 6-54

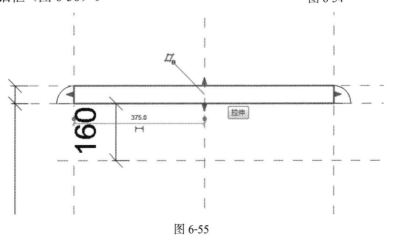

图 6-55

图 6-56

（5）回到"参照标高"视图，在"创建"选项卡"形状"面板中单击"拉伸"按钮，在"修改｜创建拉伸"上下文选项卡"绘制"面板中单击"矩形"按钮，绘制图形并锁定，如图 6-57 所示，单击"√"按钮完成绘制。在项目浏览器中切换至"前"立面视图，选中刚拉伸的形体，拉伸上部与参照平面对齐并锁定，下部与参照平面对齐并锁定，如图 6-58 所示。

（6）回到"参照标高"视图，在"修改"面板中单击"镜像-拾取轴"命令，镜像图形，如图 6-59 所示。在项目浏览器中切换至"前"立面视图和"后"立面视图，将所有上下轮廓线与参照线对齐锁定（图 6-59）。选择创建的所有拉伸模型，在"属性"面板"材质和装饰"选项区域中单击"材质"后"关联族参数"按钮，在弹出的"关联族参数"对话框中单击"新建参数"按钮，在弹出的"参数属性"对话框中的名称栏输入"桌腿材质"，并单击两次"确定"按钮退出对话框，如图 6-60 所示。

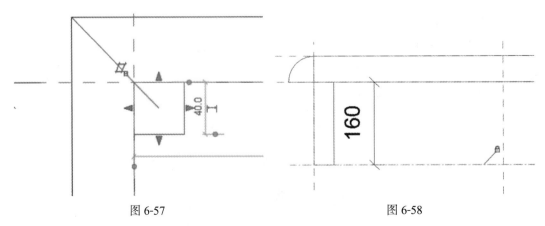

图 6-57　　　　　　　　　　　　图 6-58

第6章 家具布置

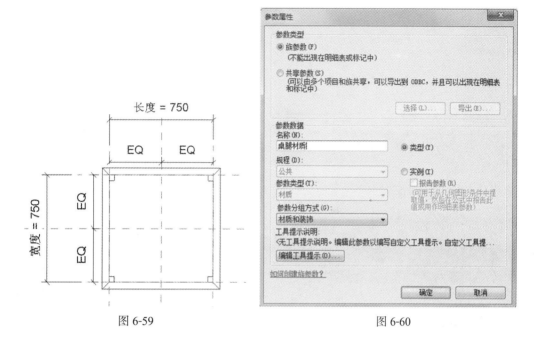

图 6-59　　　　　　　　　　　　　　图 6-60

（7）在项目浏览器中将视图切换至"前"立面视图，在"创建"选项卡"形状"面板中单击"拉伸"按钮，在"修改｜创建拉伸"上下文选项卡"绘制"面板中单击"直线"和"起点 - 终点 - 半径弧"按钮，绘制图形并锁定（图 6-61），下方半径及两边短直线为 30，如图 6-62 所示，单击"√"按钮完成绘制。在"属性"面板"材质和装饰"选项区域中单击"材质"后"关联族参数"按钮，在弹出的"关联族参数"对话框中单击"新建参数"按钮，在弹出的"参数属性"对话框中的名称栏输入"牙板材质"，并单击两次"确定"按钮退出对话框。切换至"右"立面视图，选中创建好的形体，位置调整，厚度调整，如图 6-63 所示，并与参照线对齐锁定；返回到"参照标高"视图，在"修改"面板中单击"镜像 - 拾取轴"命令，拾取"中心｜前后"参照平面，镜像图形；单击"旋转"命令，勾选选项栏中的"复制"选项，旋转图形，如图 6-64 所示。

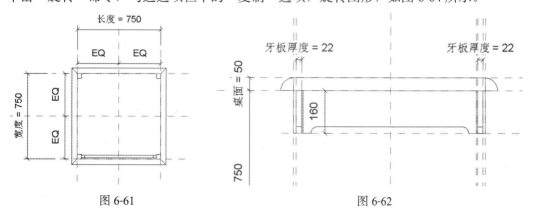

图 6-61　　　　　　　　　　　　　　图 6-62

185

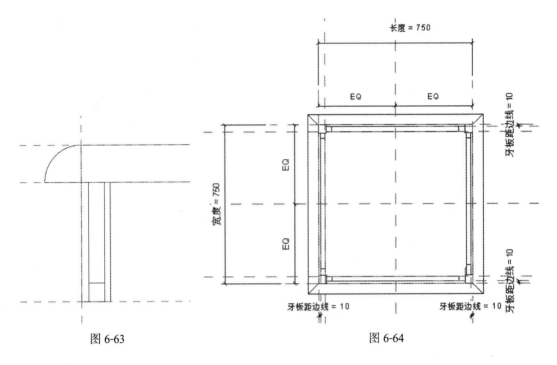

图 6-63　　　　　　　　　图 6-64

（8）分别切换至"参照标高"视图、"前"立面视图、"右"立面视图，绘制参照线，如图 6-65 所示，分别标注牙板距边线距离 10mm 和牙板厚度 22mm，添加参数并与参照线对齐锁定，如图 6-65、图 6-66 所示。

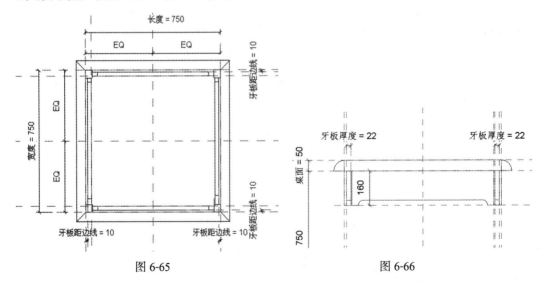

图 6-65　　　　　　　　　图 6-66

（9）新建族"公制常规模型"，在"创建"选项卡"形状"面板中单击"旋转"按钮，绘制"轴线"，绘制"边界线"，单击"√"按钮完成桌腿制作，如图 6-67 所示。

（10）在桌子族文件中绘制两个方向的参照线，如图 6-68 所示。将桌腿族载入到桌子族文件中，放置在如图 6-68 所示位置上，并使用对齐锁定命令，对齐两个方向参照线与桌腿造型两方向直径，并标注尺寸定义参数。依次镜像其余三个桌腿造型于相应位置，并对齐锁定参照线定义参数。至此，桌子创建完成，如图 6-69 所示。此桌子可对其参数进行变化，如长度改为 1500mm，可对模型进行任意尺寸的参数变化，正方桌可变为长方桌，如图 6-70 所示。

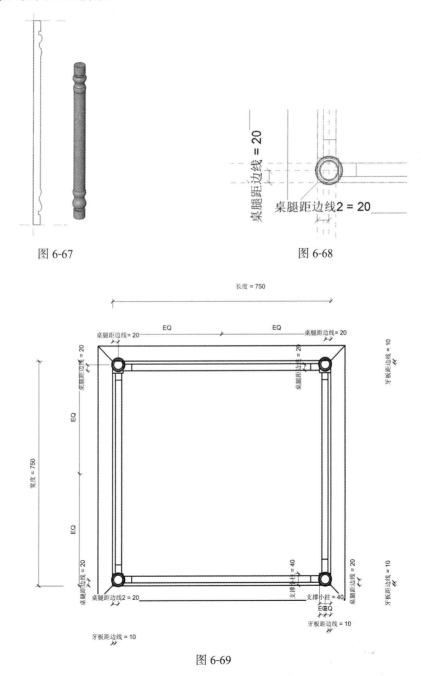

图 6-67　　　　　　　　　　　　　　图 6-68

图 6-69

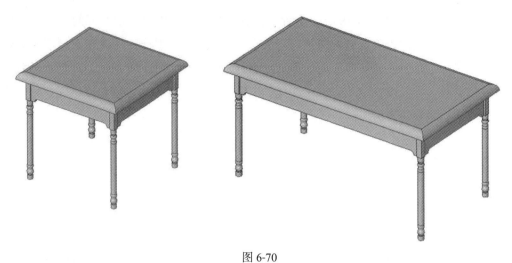

图 6-70

6.2.3 单人沙发建模

单人沙发建模

（1）新建族"公制家具"，切换至"楼层平面：参照标高"视图，绘制参照平面，标注并创建参数，如图 6-71 所示。

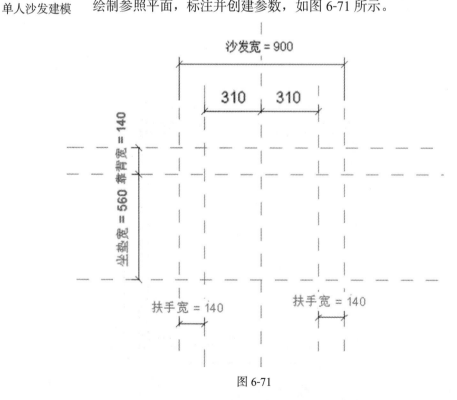

图 6-71

（2）在"立面：前"视图中创建参照平面，标注并创建参数，如图 6-72 所示。

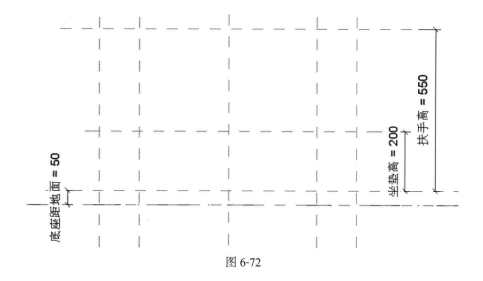

图 6-72

（3）切换至"参照标高"视图，在"创建"选项卡"形状"面板中单击"拉伸"按钮，圆角半径为 50，并将草图线锁定在参照平面上，如图 6-73 所示，完成后单击"√"按钮结束。转到"立面：前"视图，将拉伸模型上下边缘对齐锁定在参照平面上，如图 6-74 所示。

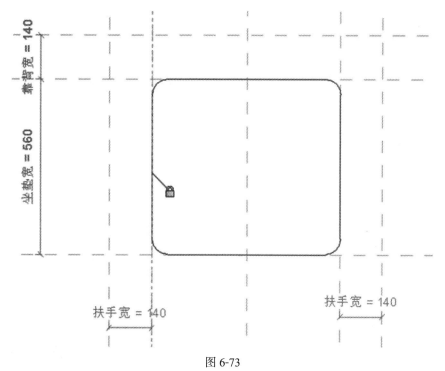

图 6-73

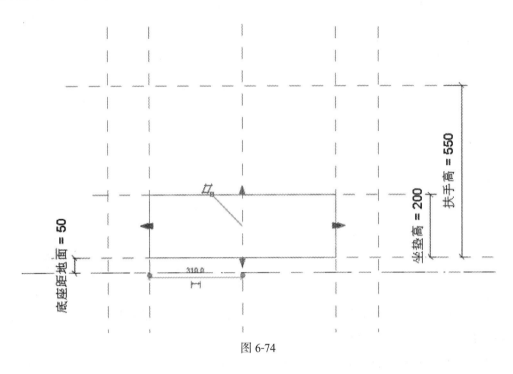

图 6-74

（4）参照上述方法，依次完成两侧扶手和靠背造型，如图 6-75 所示。

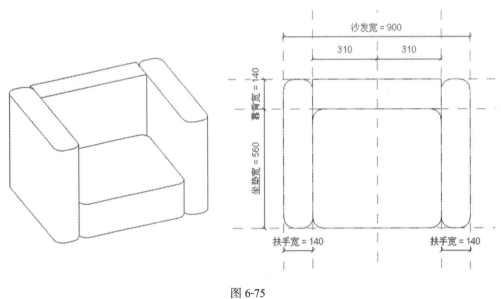

图 6-75

（5）切换至"参照标高"视图，在"创建"选项卡"形状"面板"空心形状"下拉列表中选择"空心放样"命令，在"放样"面板中单击"绘制路径"按钮（图 6-76），在"绘制"面板中单击"拾取线"按钮，拾取图形，完成后单击"√"按钮完成。在"放样"面板中单击"编辑轮廓"按钮，在弹出的"转到视图"对话框中选择"立面：前"，单击"打开视图"按钮,绘制如图 6-77 所示轮廓,单击两次"√"按钮结束绘制。完成造型如图 6-78 所示。

图 6-76

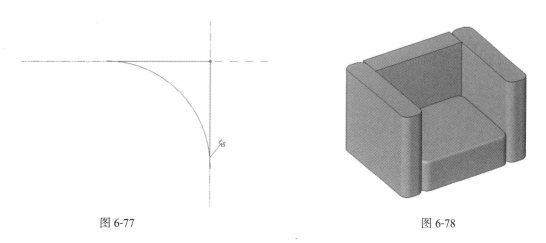

图 6-77　　　　　　　　　　　　　图 6-78

参照上述方法依次完成扶手和靠垫造型,如图 6-79 所示。

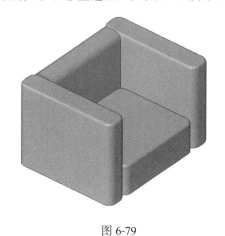

图 6-79

(6)完成金属支架的模型创建。在"创建"选项卡"形状"面板中单击"放样"按钮,按前所述,使用"绘制路径"和"编辑轮廓"按钮创建上面一层金属扶手,然后依照上述方法继续创建下面一层扶手。创建结果如图 6-80 和图 6-81 所示。

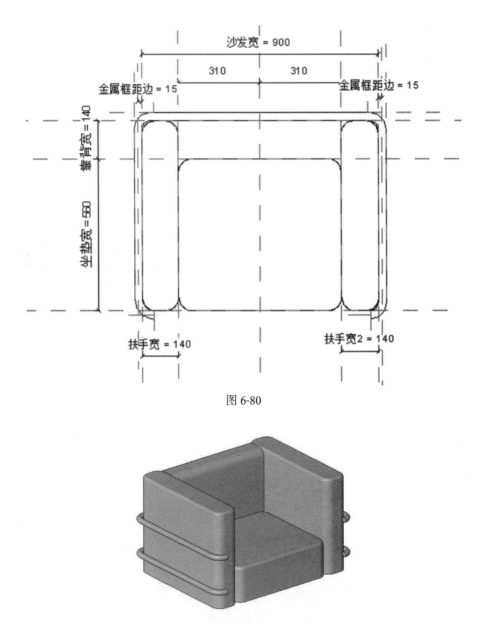

图 6-80

图 6-81

（7）在"创建"选项卡"形状"面板中单击"放样"按钮，绘制立柱支撑，将放样路径水平段右侧端点与参照线对齐锁定，并定义距离扶手边尺寸参数；将放样路径垂直线与参照线对齐并锁定，并定义尺寸参数；分别绘制前面左右两个支撑，如图 6-82 和图 6-83 所示。

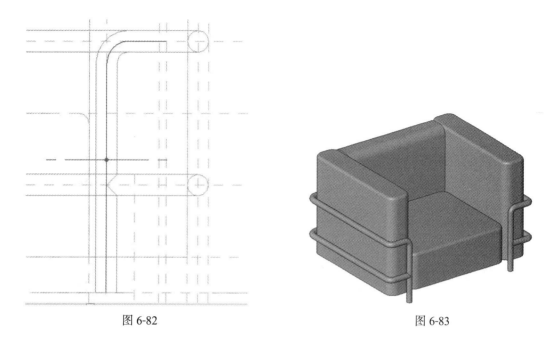

图 6-82　　　　　　　　　　　　　　　图 6-83

（8）切换至"参照标高"平面，绘制两条参照线，标注尺寸并等分，如图 6-84 所示；绘制左右两侧立柱支撑，不要使用"拉伸"命令创建，因为"拉伸"命令创建的立柱没有对齐参照，不能参变；通过"创建"选项卡"形状"面板中的"放样"按钮，绘制放样路径，对齐参照线锁定，如图 6-85 所示；编辑轮廓，在楼层平面绘制半径为 15mm 的圆形，单击两次"√"按钮完成操作；选择建成的一根立柱，单击"几何图形"面板中的"连接"按钮，并选择横向支撑金属杆件，连接成功，如图 6-86 所示。

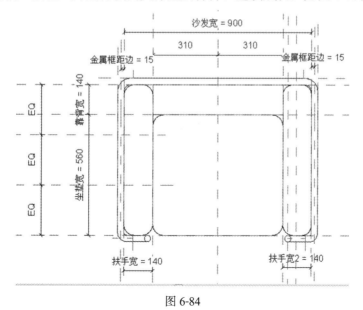

图 6-84

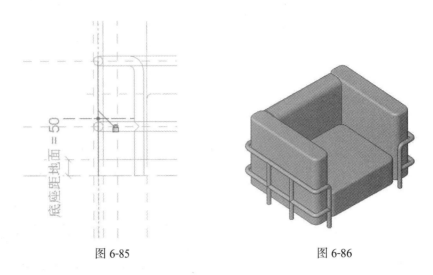

图 6-85　　　　　　　　　图 6-86

（9）最终模型要能完成参数变化才算成功，如图 6-87 所示，如改变沙发宽度为 1200mm，其余造型不变，如图 6-88 所示。

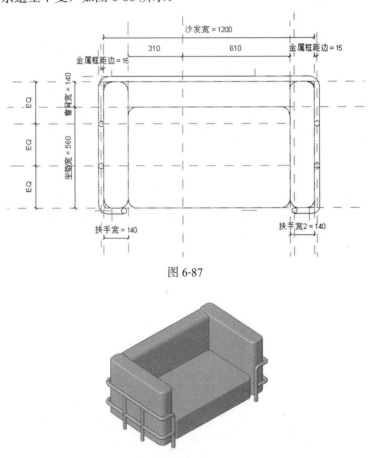

图 6-87

图 6-88

6.3 其他模型

这里主要介绍橱柜门板创建过程。

(1)打开 Revit 软件,新建族"基于面的公制常规模型",输入快捷命令 RP,或在"创建"选项卡"基准"面板中单击"参照平面"按钮,自动切换至"修改|放置 参照平面"上下文选项卡,画四条参照线,然后创建矩形门板,将门板边线锁定在参照线上,用"对齐尺寸标注"命令进行标注并平分(单击尺寸上方的 EQ)(图 6-89)。

空心放样制作木护壁板

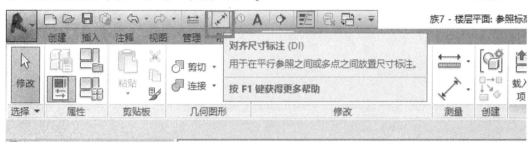

图 6-89

(2)选中尺寸标注,单击"属性"面板中的"族类型"按钮,在弹出的"族类型"对话框中单击"新建参数"按钮,弹出"参数属性"对话框,在该对话框中设置名称为"长",并勾选"实例"选项,如图 6-90~图 6-92 所示。

(3)依据参照线绘制拉伸矩形,进入族类型,修改长、宽等参数,长为 650,宽为 450。

(4)输入快捷命令 RP,绘制参照线,绘制调节缝宽度为 3mm,内线宽度为 45mm(图 6-93 和图 6-94)。

(5)在"创建"选项卡"形状"面板"空心形状"下拉列表中选择"空心放样"命令,再在"放样"面板中单击"绘制路径"按钮(图 6-95),绘制矩形,将矩形边线对齐并锁定在参照线上,添加参数标签,单击"确定"按钮完成。

图 6-90

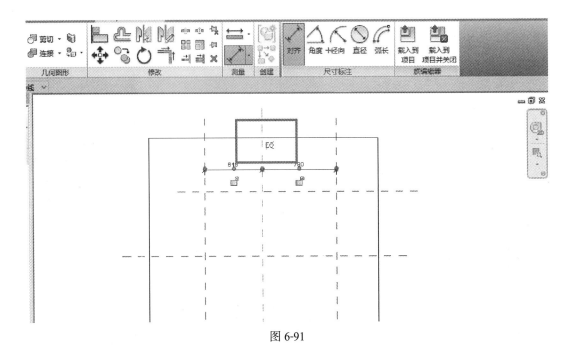

图 6-91

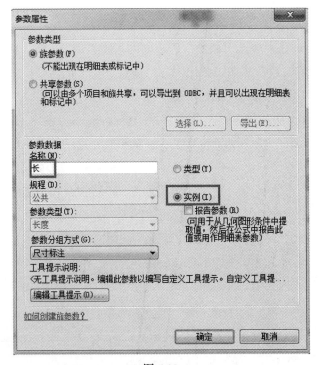

图 6-92

第6章 家具布置

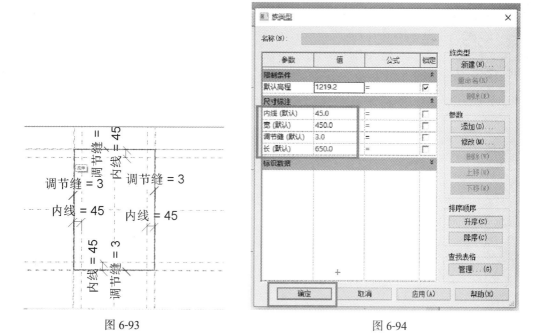

图 6-93   图 6-94

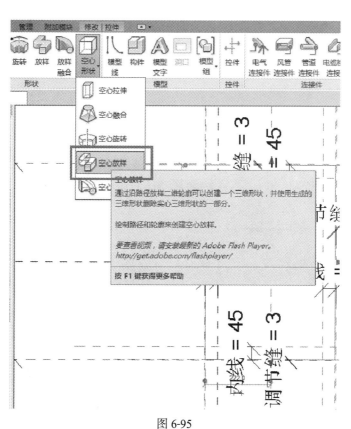

图 6-95

木护壁板族模型创建

（6）在"放样"面板中单击"载入轮廓"命令，选择轮廓线脚造型（图 6-96）。

（7）切换至"右"立面视图，调整放样线脚的位置，完成放样空心形状，如图 6-97 和图 6-98 所示。

（8）创建材质，参数类型如图 6-99 所示。

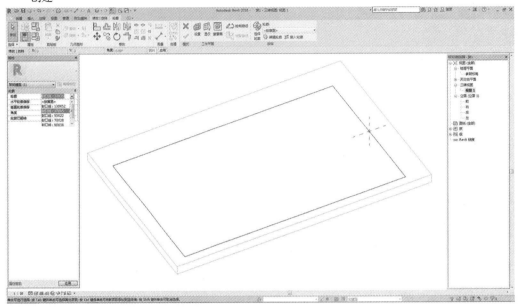

图 6-96

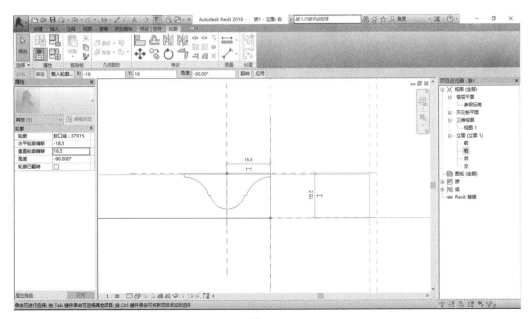

图 6-97

图 6-98

图 6-99

（9）将门板族载入项目中。

重要提示：本案例绘制时先绘制参照线，然后创建拉伸矩形门板边界，门板边界线直接锁定在参照线上（不要对齐参照线锁定），然后标注尺寸，再将尺寸添加长、宽标签（门板边线直接锁定，一定不要对齐参照线锁定）。空心放样绘制矩形路径时，一定要先对齐参照线，再锁定边界线，不要退出标注"内线"尺寸，并逐一添加标签"内线 =60"，全部完成后再单击"确定"按钮进行下一步操作命令。

第二部分　专业实践篇

第7章 地面拼花图

教学导入

本章将对楼地面图纸创建进行论述，主要介绍图纸生成的方法及图纸中文字、尺寸标注的添加方法，对读者施工图的绘制能力有很大帮助。

学习要点

材质注释

地面拼花图

7.1 地面图纸创建

（1）在"视图"选项卡"图纸组合"面板中单击"图纸"按钮，或在项目浏览器中"图纸（全部）"上右击，在弹出的快捷菜单中选择"新建图纸"命令，系统将弹出"新建图纸"对话框，在对话框中选择"A2 公制"选项，单击"确定"按钮，如图 7-1 所示。

（2）将标高 1 楼层平面拖曳至图框中，移动鼠标和上、下、左、右键放置到合适位置（图 7-2）。选择标高 1 楼层平面，在"视口"面板中单击"激活视图"按钮（图 7-3）。将四个立面视图符号隐藏，将图名拖曳到合适位置。

（3）标记地面材质。

切换至图纸，选择地面布置图，激活视口，在"注释"选项卡"标记"面板中选择"材质标记"选项（图 7-4）或在"注释记号"下拉列表中选择"材质注释记号"选项（图 7-5）。

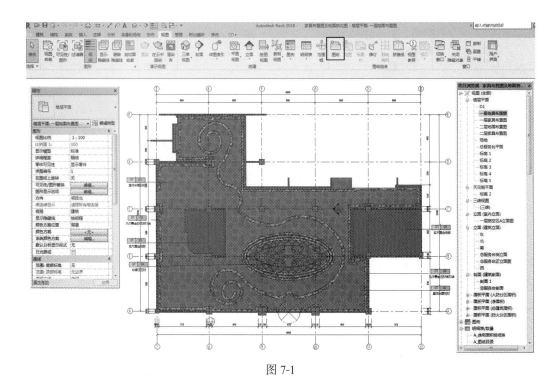

图 7-1

图 7-2

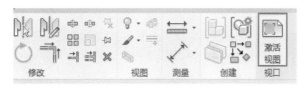

图 7-3

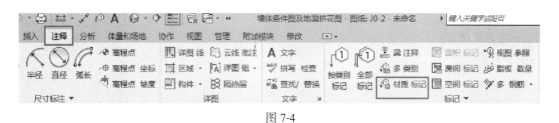

图 7-4

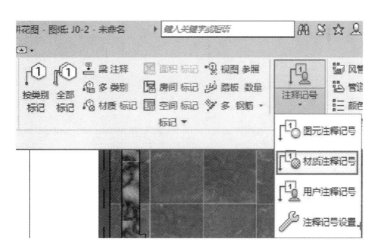

图 7-5

将鼠标移动到地面布置图中需标记材质的位置,自动标记材质注释文字,依次标记,即可完成(图 7-6)。这种标记族比较简单,下一节将介绍一种比较复杂的材质标记族。

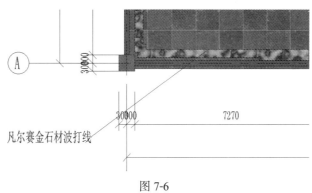

图 7-6

7.2 地面材质标记

地面材质标记
（一）

地面材质标记
（二）

（1）新建族，在"新族—选择样板文件"对话框中打开"注释"文件夹里的"公制常规标记"族。先删除文件中的提示文字，然后单击"属性"面板中的"族类别和族参数"按钮，在弹出的"族类别和族参数"对话框中选择"材质标记"（图7-7）。在"创建"选项卡"文字"面板中单击"标签"按钮，在绘图区域单击鼠标，将弹出"编辑标签"对话框，在对话框中将左侧标签类别添加到右侧标签参数栏中，并修改样例值（图7-8）。选择类型"名称"，单击"确定"按钮，返回图中移动至合适位置；再依次选择"注释""标记"，添加至图中。

图 7-7

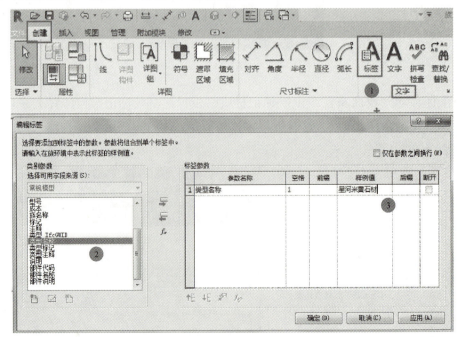

图 7-8

（2）绘制外框线，创建"线"，创建"填充区域"（图7-9），可调整背景颜色，填充背景颜色（图7-10、图7-11）。

单击"√"按钮确认完成。选择标签字体，调整属性，背景调整为透明（图7-12、图7-13）。

（3）保存族文件，并载入族文件至项目文件中（图7-14）。选择载入族，继续材质标记。如生成标记为空白，可在"管理"选项卡"设置"面板中单击"材质"按钮，在弹出的"材质浏览器"对话框中选择材质，注释出代号，标记出数字（图7-15），即可显示正常。最终一层地面图如图7-16和图7-17所示。

使用同样的方法生成二层地面布置图，如图7-18所示，这里不再重复介绍。

图 7-9

图 7-10

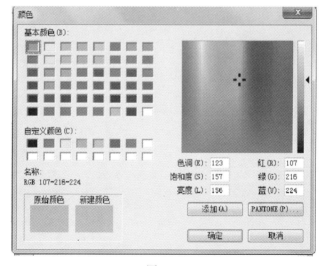

图 7-11

图 7-12

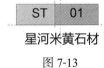

图 7-13

图 7-14

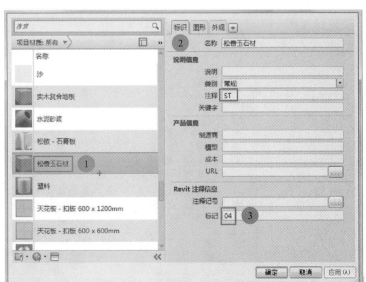

图 7-15

第7章 地面拼花图

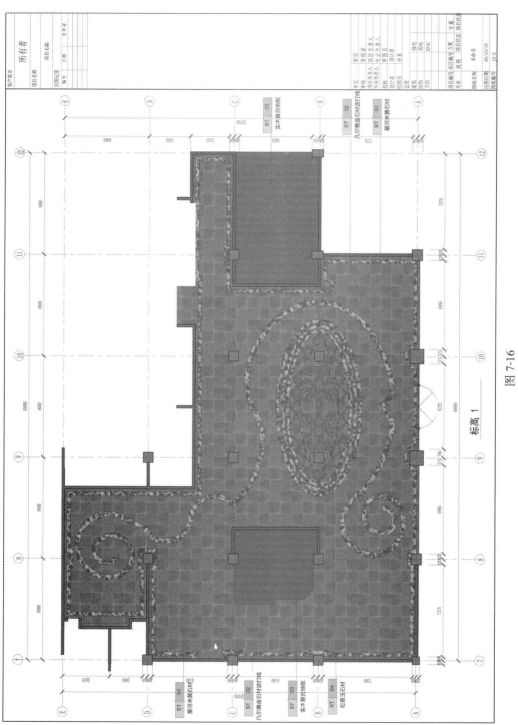

图 7-16

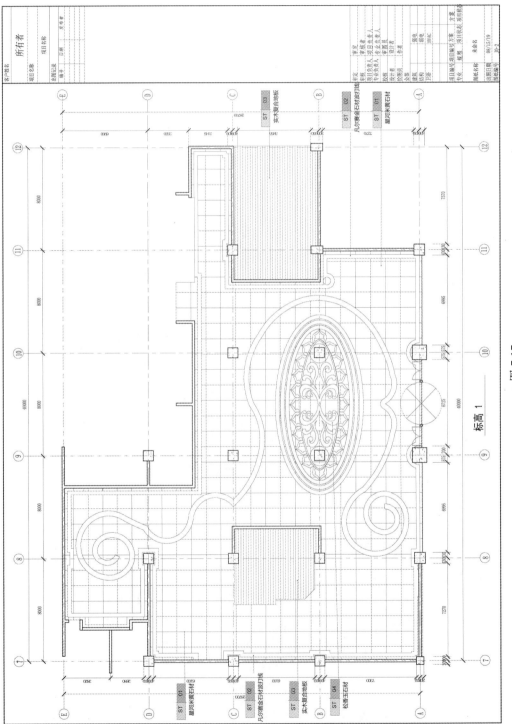

图 7-17

第7章 地面拼花图

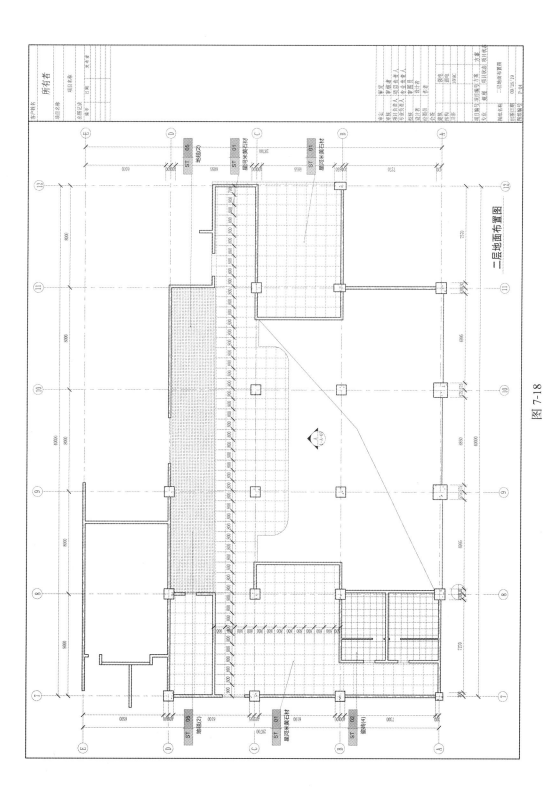

图 7-18

第 8 章

天花布置图

教学导入

本章将对项目案例中的天花吊顶图纸创建进行演示,以及对图中文字尺寸标记等进行全面详细的介绍。

学习要点

■ 吊顶天花图纸创建

8.1 吊顶天花图纸生成

顶棚平面图创建

天花布置图就是将天花镜像所得到的图。其主要内容包括:被水平剖切到的墙、壁柱和柱;墙上的门、窗和洞口;顶棚的形式与构造,顶棚上的灯具、风口、浮雕及线脚等装饰;顶棚及相关的材料及颜色;顶棚的底面及分层,吊顶底面的标高;详图的索引符号;剖切符号;图名与图例等。

同前所述,在项目浏览器中"图纸(全部)"上右击,在弹出的快捷菜单中选择"新建图纸"命令(图 8-1),系统将弹出"新建图纸"对话框,在对话框中选择相应的图框,如图 8-2 所示。在项目浏览器中新建图纸名称上右击,在弹出的快捷菜单中选择"重命名"命令,在弹出的对话框中输入名称为"天花布置图"(图 8-3 和图 8-4)。

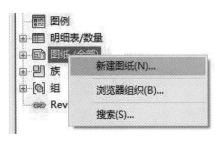

图 8-1

图 8-2

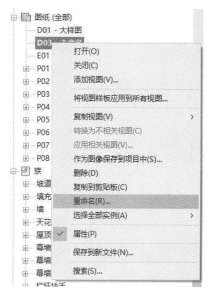
图 8-3

图 8-4

在天花板平面下的 F1 视图上右击,在弹出的快捷菜单中选择"复制视图"→"带细节复制"命令(图 8-5),命名为天花布置图。

图 8-5

然后将已复制且命名好的视图拖曳到新建好的图纸中,并调整视图的比例及隐藏其他一些不需要的部分(隐藏视图:HH;隐藏并应用到视图:EH;全部取消隐藏:HR)(图 8-6)。

图 8-6

最后，标注材质、尺寸、灯具名称等，如图 8-7 所示。

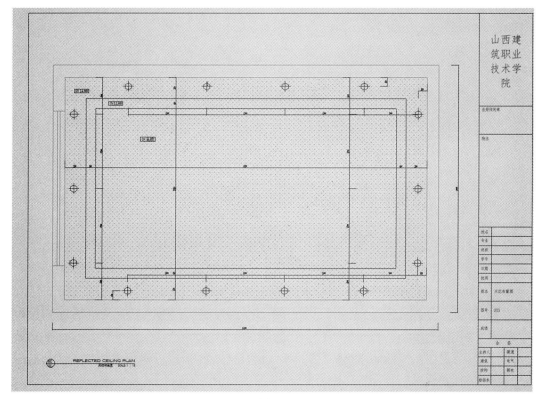

图 8-7

应注意的是，在标记天花尺寸时，应标注得尽可能详细、整洁、美观，且应标注出造型的尺寸、天花的标高、灯具的间距尺寸（中对中）等。筒灯的间距及一些基本尺寸应满足规范要求。

8.2　天花尺寸及材质标记

1. 尺寸标记

Revit 软件中标记尺寸的快捷命令为 DI。

用户也可以选中尺寸线，在"属性"面板中单击"编辑类型"按钮（图 8-8），在弹出的"类型属性"对话框中进行调整或新建（图 8-9）。

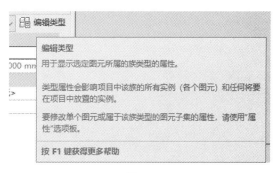

图 8-8

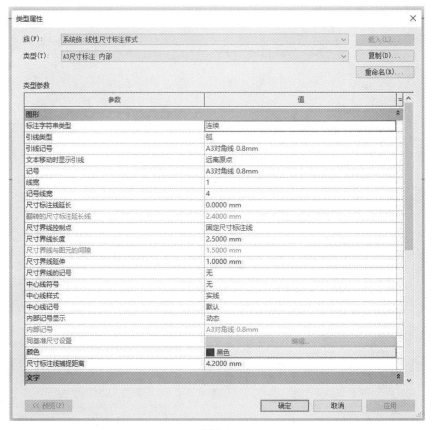

图 8-9

2. 材质标记

(1) 选中要编辑的物体,在"属性"面板中单击"编辑类型"按钮(图 8-10),在弹出的"类型属性"对话框中单击"结构"后的"编辑"按钮(图 8-11),弹出如图 8-12 所示的"编辑部件"对话框。

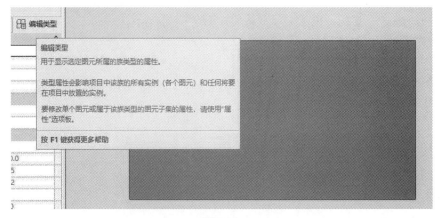

图 8-10

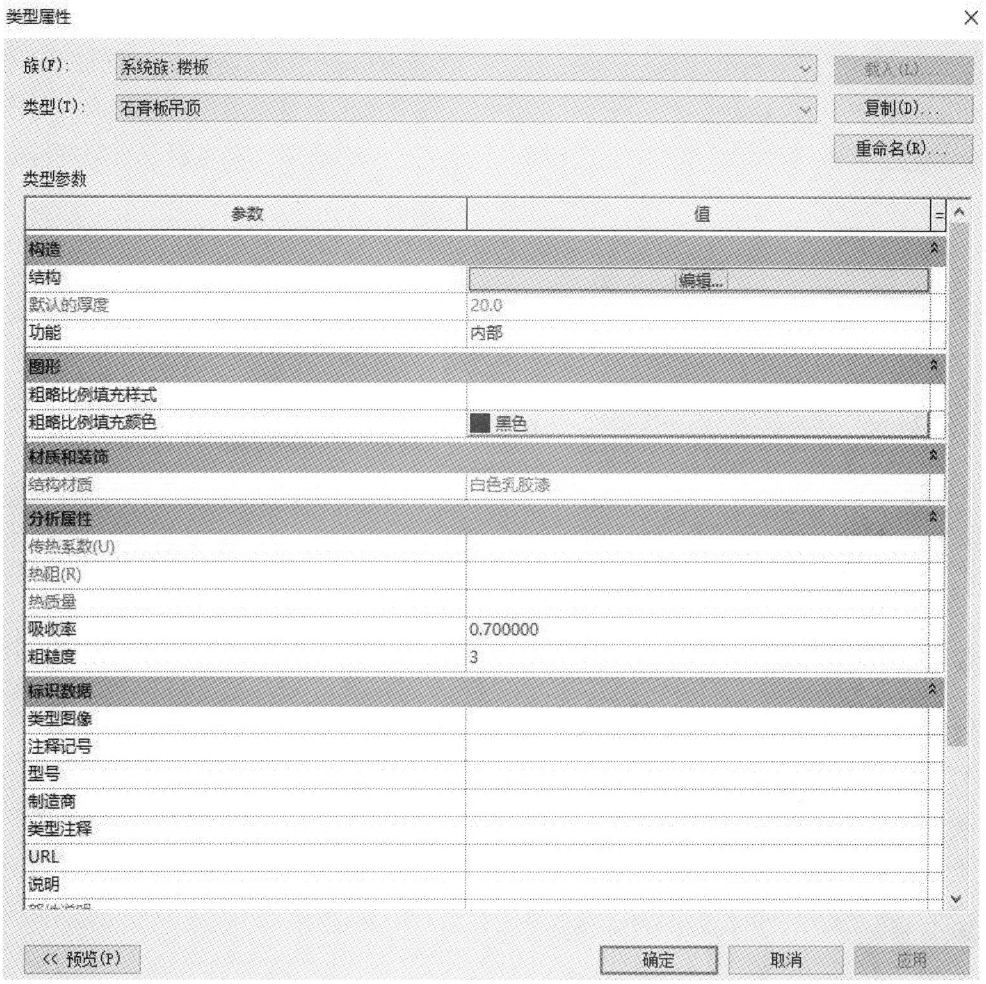
类型属性
族(F):
系统族:楼板
载入(L)...
类型(T):
石膏板吊顶
复制(D)...
重命名(R)...
类型参数
参数
值
构造
结构
编辑...
默认的厚度
20.0
功能
内部
图形
粗略比例填充样式
粗略比例填充颜色
黑色
材质和装饰
结构材质
白色乳胶漆
分析属性
传热系数(U)
热阻(R)
热质量
吸收率
0.700000
粗糙度
3
标识数据
类型图像
注释记号
型号
制造商
类型注释
URL
说明
<< 预览(P)
确定
取消
应用

图 8-11

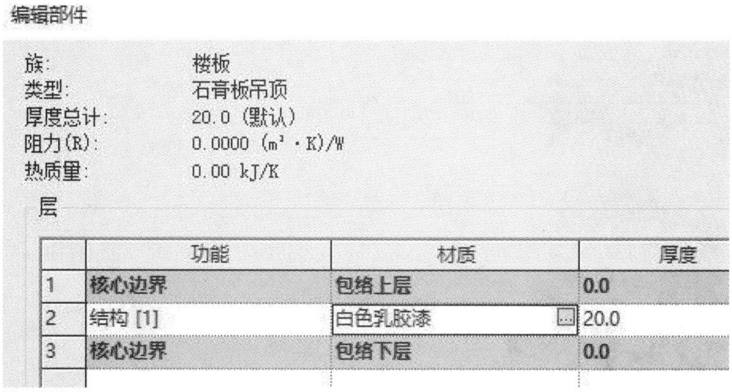
编辑部件
族:
楼板
类型:
石膏板吊顶
厚度总计:
20.0 (默认)
阻力(R):
0.0000 (m²·K)/W
热质量:
0.00 kJ/K
层
功能
材质
厚度
1
核心边界
包络上层
0.0
2
结构 [1]
白色乳胶漆
20.0
3
核心边界
包络下层
0.0

图 8-12

图 8-13

(2) 在"编辑部件"对话框中单击"结构[1]"材质后的 ▦ 按钮,弹出"材质浏览器"对话框,在对话框中将展示项目中的所有材质,如果需要新建一个材质,则可对其重新进行编辑(图 8-13)。

复制后对其重命名,如图 8-14 所示。

图 8-14

应注意的是,为使复制的材质与原始材质中使用的资源不同,在"材质浏览器"对话框中选择要复制的资源的选项卡,如"外观""物理特性""隔热"等,再单击右上方的"复制此资源"按钮 ▣,则资源被复制到当前项目的资源库中。

(3) 选择"材质浏览器"对话框中的"标识"选项卡(图 8-15)。

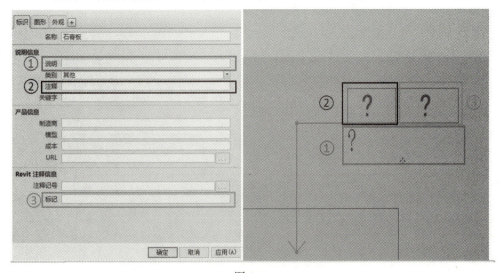

图 8-15

图 8-15 中，左图中的数字所对应的信息与右图中数字的信息一一对应。

应特别注意，图 8-15 中左图①处是不允许直接输入汉字的，但可以通过复制、粘贴相应的汉字。

命名完成后如图 8-16 所示。

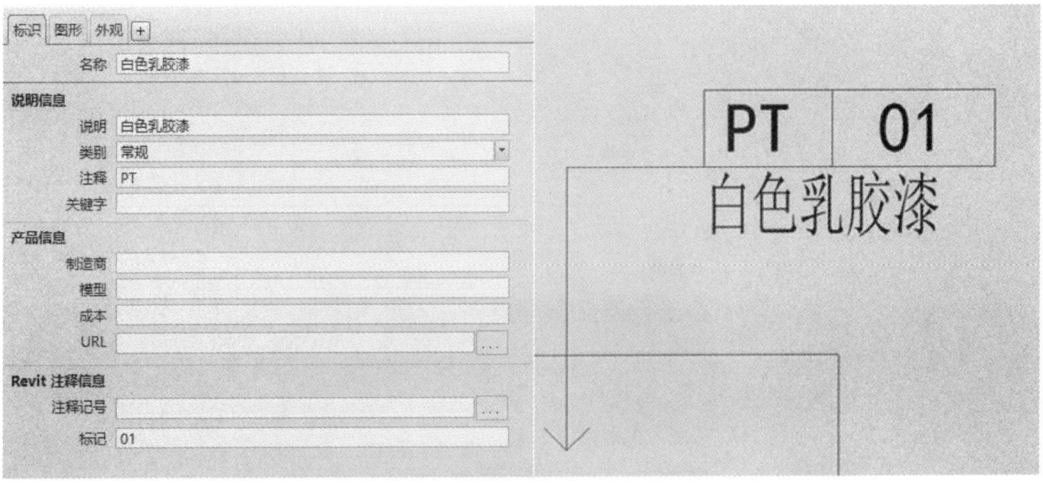

图 8-16

在"材质浏览器"对话框中，还可以对其"图形""外观"等进行修改，如图 8-17 所示。

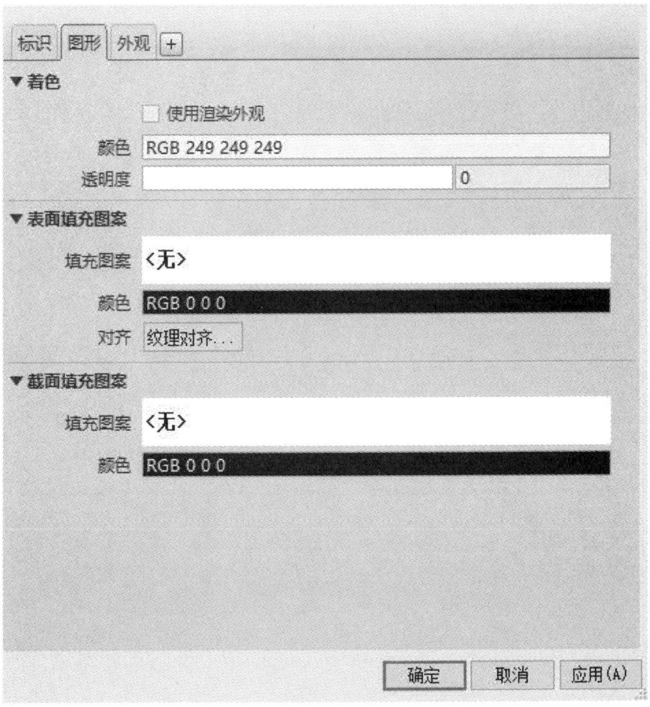

图 8-17

（4）表面填充图案与截面填充图案。在"材质浏览器"对话框"图形"选项卡中单击"表面填充图案"选项区域的"填充图案"，在弹出的"填充样式"对话框中会有一些预览项可供选择；同样，截面填充图案也是如此（图 8-18）。应注意的是，Revit 系统中的填充图案不是很全，有的需要自己新建。

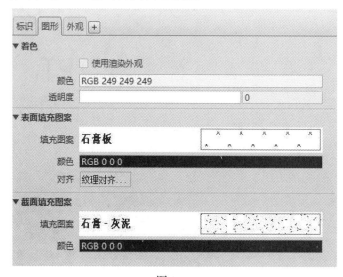

图 8-18

绘制完成后的效果如图 8-19 所示。

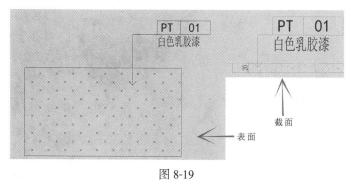

图 8-19

最终一层天花布置图如图 8-20 和图 8-21 所示。

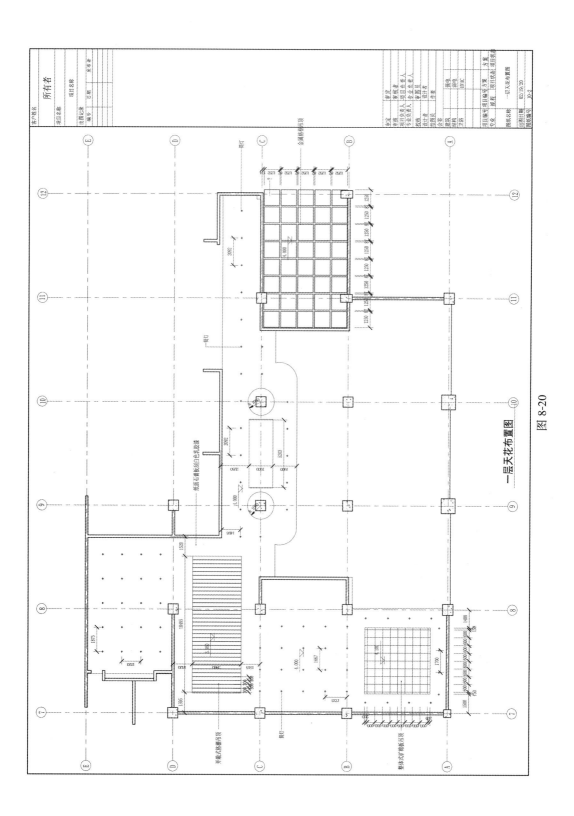

图 8-20

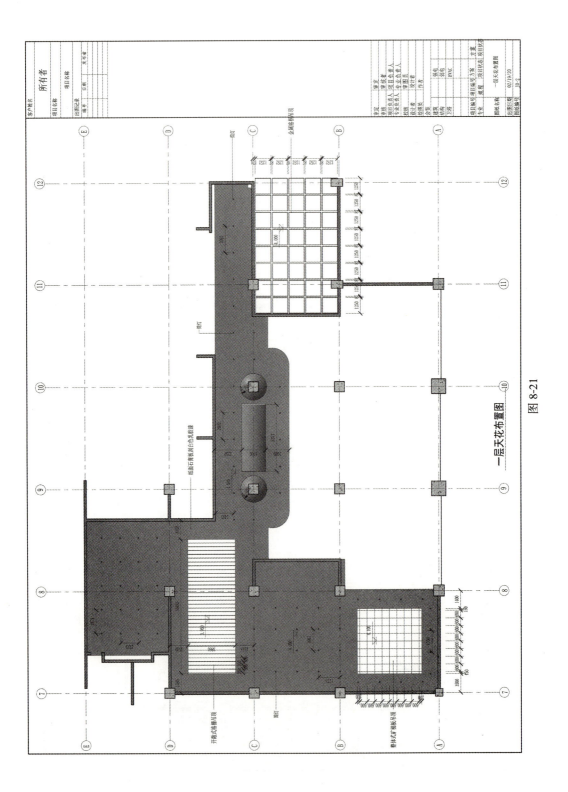

图 8-21

第9章 立面图

教学导入

本章将对项目案例中的立面图纸创建,以及立面图纸生成的操作方法进行讲解。

学习要点

立面图纸创建

立面图视图由平面索引视图生成。打开平面索引视图,在"视图"选项卡"创建"面板"立面"下拉列表中选择相应的立面索引符号,将索引符号放置在平面索引视图中需要生成立面的位置后单击鼠标即可,若在单击鼠标前按 <Tab> 键,则可以选择其他三个方向的立面。

9.1 立面图纸生成

(1)在项目浏览器中确认当前工作视图为 F1 楼层平面视图,在"视图"选项卡"创建"面板"立面"下拉列表中选择"立面"选项(图9-1),这时,鼠标指针上会出现一个立面索引符号,单击将其放置在一层酒店大厅的中间。如果有需要的话,可以选中这个立面符号的主体圆圈,单击其他方向的显示箭框,此时项目浏览器中的立面视图下方也会显示其他方向的立面视图(图9-2)。

立面图创建

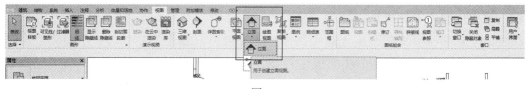

图 9-1

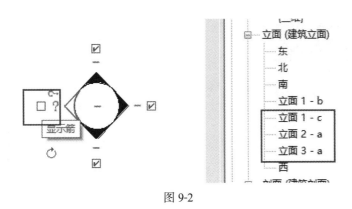

图 9-2

（2）选中要创建的立面索引符号，这时在其前方会出现一个虚线框，此虚线框就是其视图范围，通过拖动拖曳点可以修改其视图范围，如图 9-3 所示。

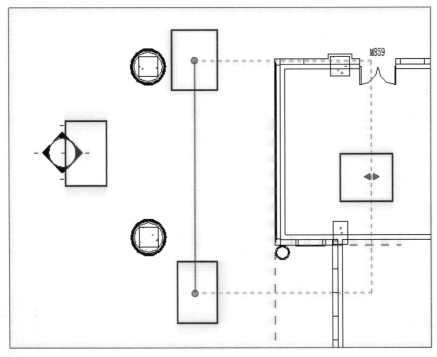

图 9-3

（3）调整好视图范围后，双击立面索引符号，或者在项目浏览器中双击立面视图名称，即切换至要绘制的立面视图。由于之前创建过零件，所以需要在"属性"面板中将"零件可见性"由"显示原状态"改为"显示零件"（图 9-4），并且在视图中选中本立面视图中不需要的图元，在绘图区域下方的状态栏上单击"临时隐藏 / 隔离"工具，再在下拉列表中选择"隐藏图元"选项，将不需要的图元隐藏（图 9-5）。

图 9-4

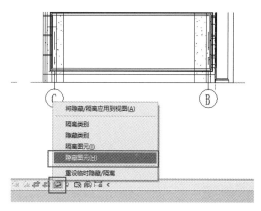

图 9-5

（4）为了方便后期分清其他的立面视图，可以在项目浏览器中重命名视图名称（图 9-6）。在立面视图名称上右击，在弹出的快捷菜单中选择"重命名"选项，弹出"重命名视图"对话框，将其名称修改为"一层大厅 H 立面图"，单击"确定"按钮退出对话框（图 9-7）。

图 9-6

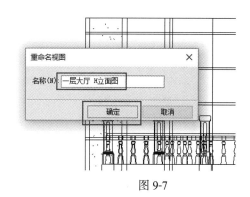

图 9-7

（5）在绘图区域下方的状态栏上单击"视觉样式"按钮，在下拉列表中选择"着色"样式，可以观察绘制好的立面视图（图 9-8）。在项目浏览器"图纸（全部）"名称上右击，在弹出的快捷菜单中选择"新建图纸"命令（图 9-9），弹出"新建图纸"对话框，在"选择标题栏"下方选择"A3 公制"，单击"确定"按钮

图 9-8

（图9-10）。

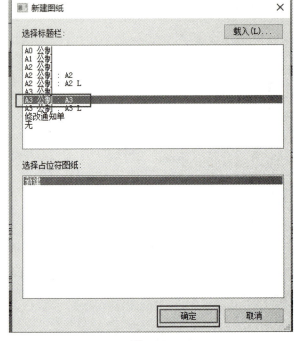

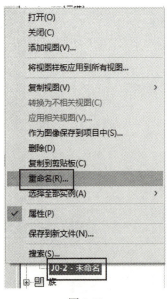

图9-9　　　　　　　　　　　　　　　　　图9-10

（6）在项目浏览器刚刚创建的图纸名称上右击，在弹出的快捷菜单中选择"重命名"命令，弹出"图纸标题"对话框（图9-11）。在该对话框中将数量修改为"1-A-12"，将名称修改为"一层大厅H立面图"，单击"确定"按钮（图9-12）。

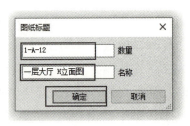

图9-11　　　　　　　　　　　　　　　　图9-12

（7）在项目浏览器中单击选中"一层大厅 H 立面图"并按住鼠标左键不放，将其拖曳到绘图区域的图纸中后松开鼠标，移动鼠标将立面视图放置到适当位置后再单击鼠标，如图 9-13 所示。单击鼠标选中刚刚拖曳到图纸中的立面视图，在"属性"面板"视图比例"栏中将比例修改为 1：50（图 9-14）。这样，"一层大厅 H 立面图"立面视图就创建完成了，如图 9-15 所示。

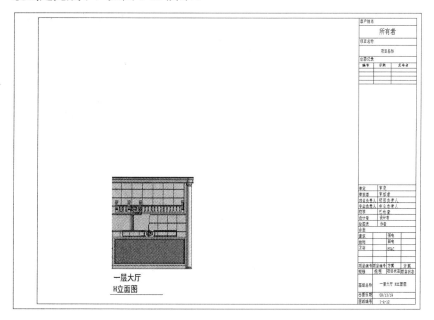

图 9-13

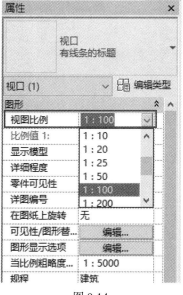

图 9-14

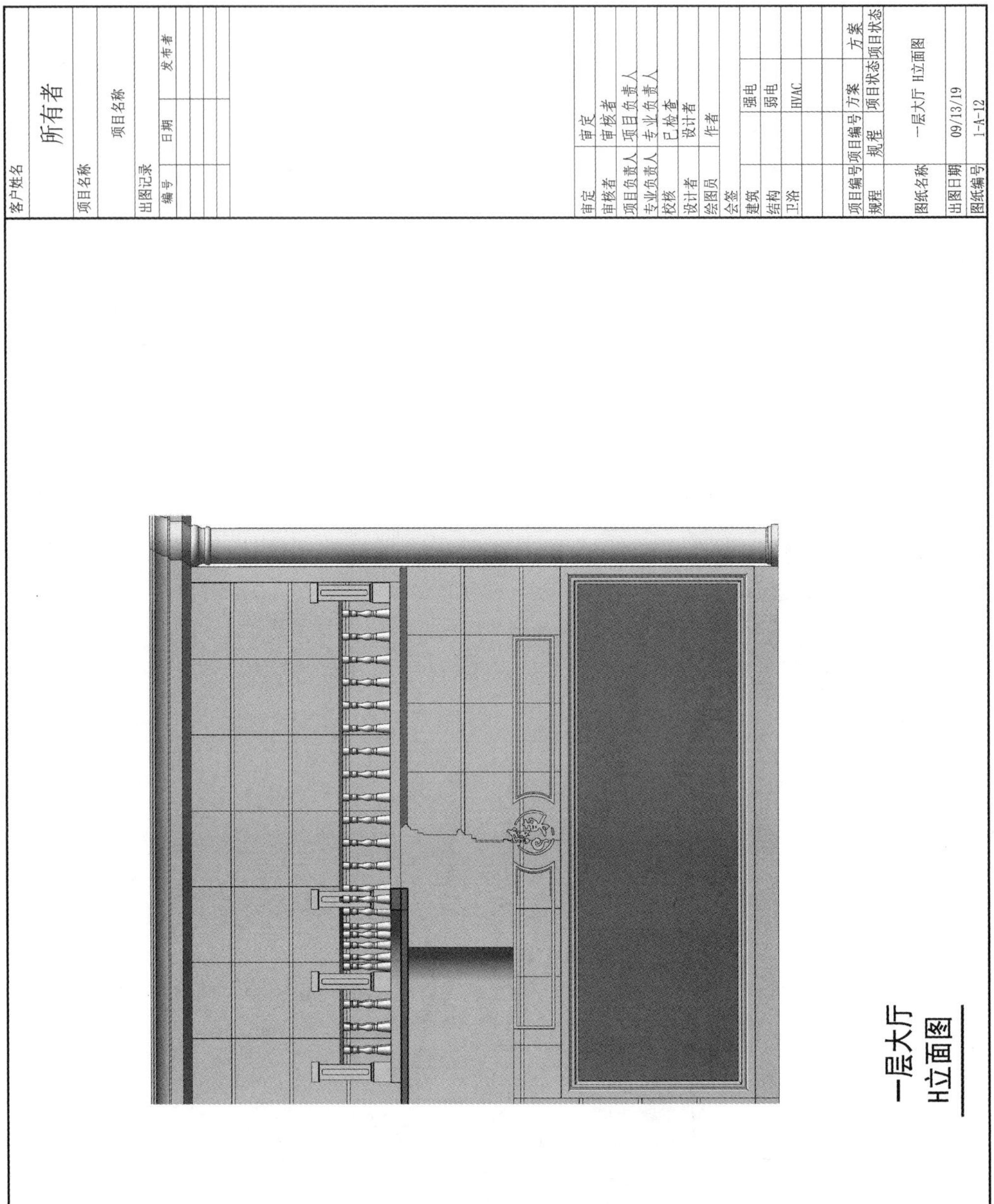

一层大厅 H立面图

图 9-15

9.2 立面图纸标记

(1) 图纸上的立面视图会有显示区域的范围框, 如果要让范围框不可见, 则选中立面视图, 在"属性"面板中取消勾选"裁剪区域可见", 这样立面图纸周围的范围框即不可见(图 9-16)。再次选中立面视图并右击, 在弹出的快捷菜单中选择"激活视图"命令, 则激活了"一层大厅 H 立面图"立面视图(图 9-17)。

(2) 在"注释"选项卡"尺寸标注"面板中单击"对齐"按钮, 这时, 鼠标指针旁边会出现一个小的对齐尺寸标注符号, 即可对视图中的尺寸进行标注(图 9-18)。在尺寸标注过程中如果有小尺寸挤在一起, 则可以单击选中尺寸标注, 通过拖动文字下面的拖曳点对挤在一起的文字进行调整(图 9-19)。

图 9-16

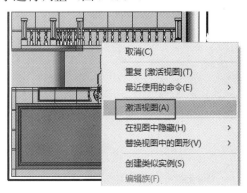

图 9-17

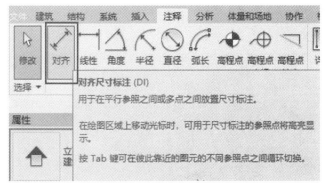

图 9-18

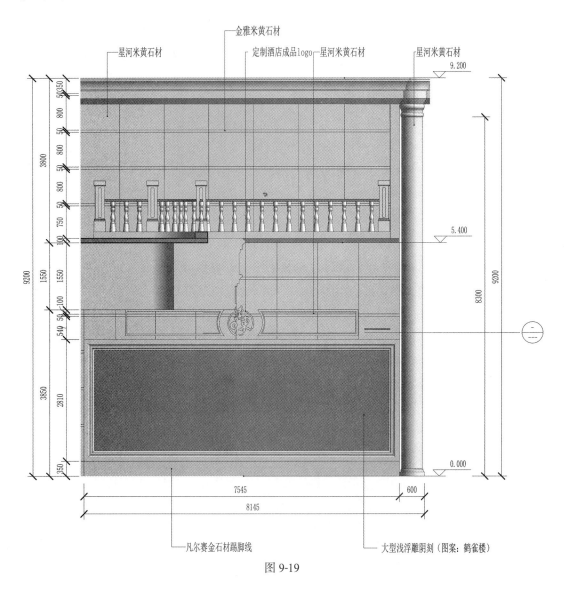

图 9-19

（3）如图 9-20 所示，在"注释"选项卡"标记"面板中单击"材质标记"按钮，自动切换至"修改|标记材质"上下文选项卡。单击"属性"面板中的"编辑类型"按钮，系统弹出"类型属性"对话框，在对话框中将"引线箭头"修改为"实心点 3mm"，单击"确定"按钮退出对话框（图 9-21）。

图 9-20

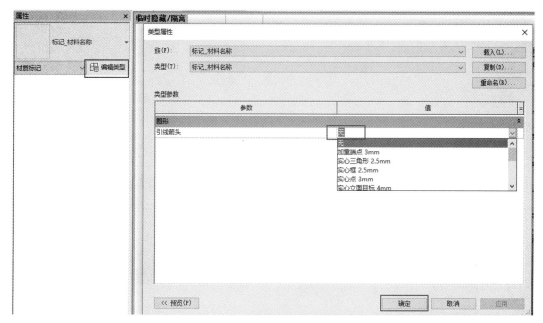

图 9-21

（4）将鼠标指针移动到需要标记的材质上，第一次单击鼠标确定引线的起点，第二次单击鼠标确定引线的转折点，第三次单击鼠标放置材质名称，这样即对第一个材质进行了标记（图 9-22）。

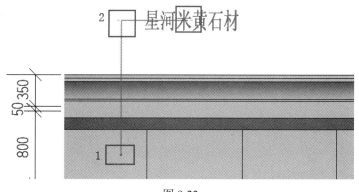

图 9-22

（5）如果图中有一些特殊的标记，则可以在"注释"选项卡"文字"面板中单击"文字"按钮（图 9-23），当鼠标指针移动到合适的位置后单击放置文本框，并输入文字"大型浅浮雕阴刻（图案：鹳雀楼）"；选中刚刚编辑好的文字，自动切换至"修改｜文字注释"上下文选项卡，在"引线"面板中单击"添加左直线引线"按钮，通过单击和拖动拖曳点来放置和调整引线位置，如图 9-24 所示。

图 9-23

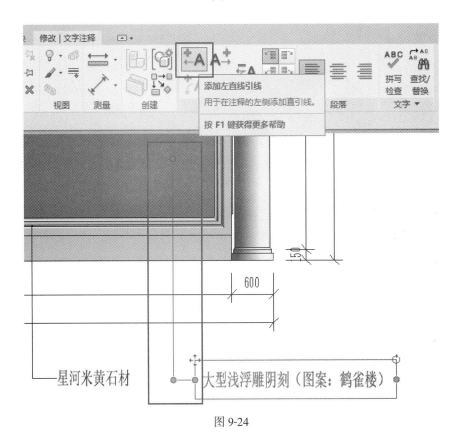

图 9-24

（6）不断重复上述步骤，将其他材料名称也标记出来。标记完成后再次选中"一层大厅 H 立面图"立面视图并右击，在弹出的快捷菜单中选择"取消激活视图"命令，取消激活视图，这样，立面图纸就标记完成了，如图 9-25 所示。

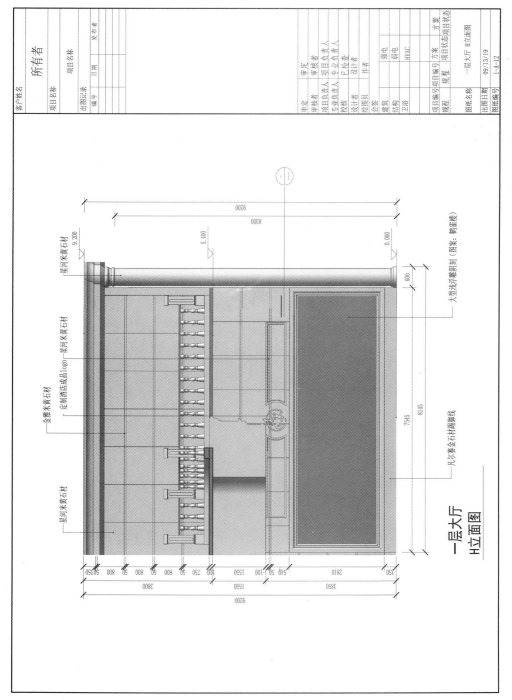

图 9-25

9.3 立面图纸深化

立面图纸深化

（1）以"一层大厅 A 立面图"立面视图为例，对标注好的立面图纸进行深化。选中立面视图并激活"一层大厅 A 立面图"立面视图（图 9-26）；在"注释"选项卡"尺寸标注"面板中单击"高程点"按钮（图 9-27），自动切换至"修改|设置尺寸标注"上下文选项卡，将鼠标指针移动到捕捉点并单击确定起点，再次移动鼠标指针到放置高程点的位置两次单击鼠标确定放置高程点，如图 9-28 所示。

图 9-26

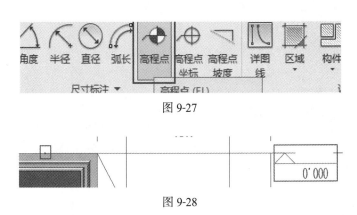

图 9-27

图 9-28

（2）选中之前创建的门洞，自动切换至"修改|门"上下文选项卡，在"视图"面板中单击"线处理"按钮（图 9-29），自动切换至"修改/线处理"上下文选项卡，在"线样式"面板中将"线样式"修改为"不可见线"，再单击要隐藏的线，如图 9-30 所示。

图 9-29

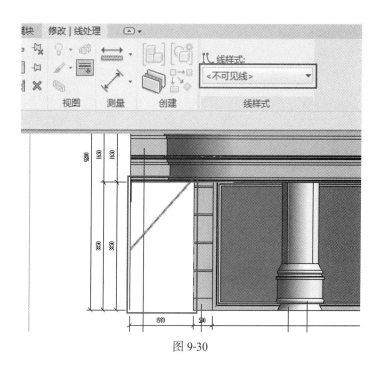

图 9-30

（3）在"注释"选项卡"详图"面板中单击"详图线"按钮，自动切换至"修改｜放置 详图线"上下文选项卡（图 9-31）。在"绘制"面板中选择绘制方式为"直线"方式，在"线样式"面板中设置线样式为"细线"，将鼠标指针移动到需要绘制的位置单击鼠标开始绘制，绘制完成后按 <Esc> 键两次退出绘制模式（图 9-32）。

（4）如果需要修改注释线宽或其他线宽，则在"管理"选项卡"设置"面板"其他设置"下拉列表中选择"线宽"选项（图 9-33），系统将弹出"线宽"对话框。在该对话框中可以修改或新建线宽，修改完成后单击"确定"按钮退出"线宽"对话框（图 9-34）。这样就完成了立面图纸的深化，在"一层大厅 H 立面图"立面视图上右击，在弹出的快捷菜单中选择"取消激活视图"命令（图 9-35～图 9-37）。

图 9-31

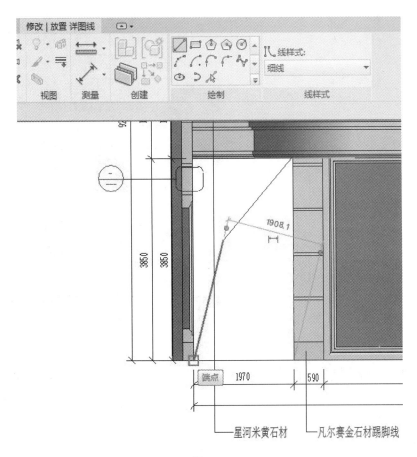

图 9-32

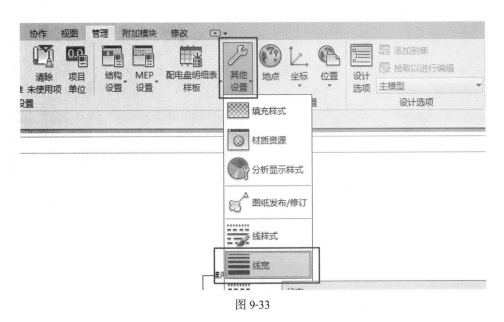

图 9-33

图 9-34

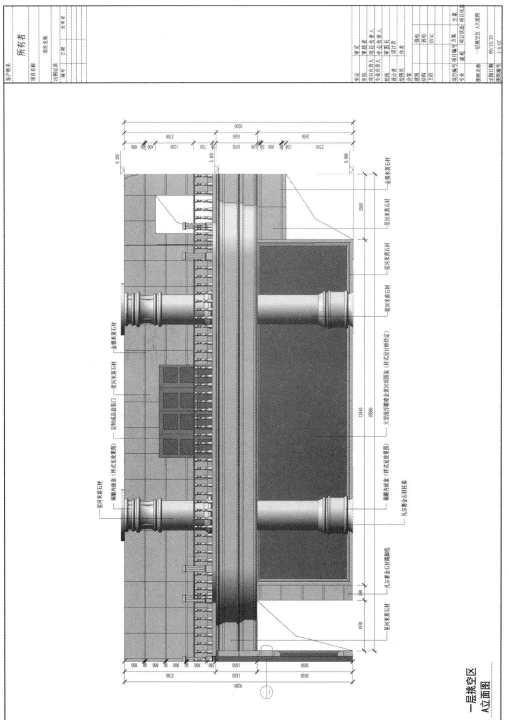

图 9-35

第9章 立面图

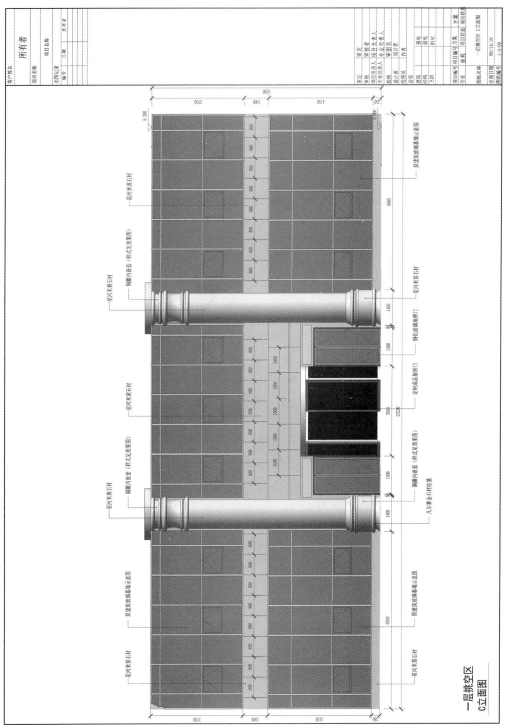

图 9-36

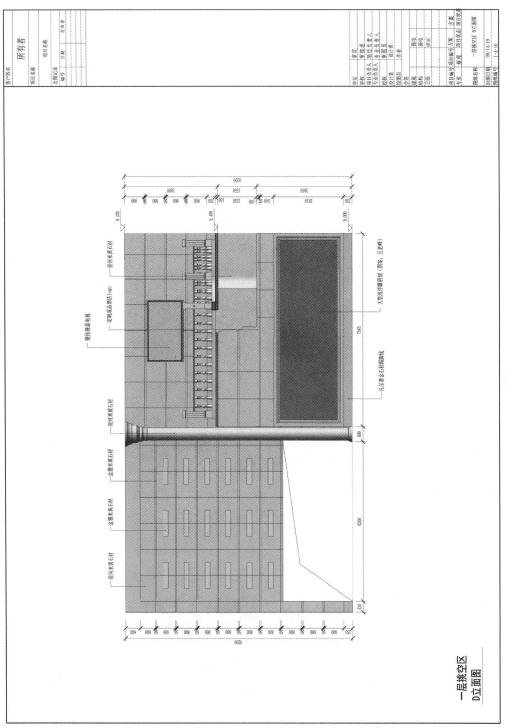

图 9-37

教学导入

本章将对项目案例中详图创建的不同方法进行介绍,演示三种生成详图的方法,均为二维族创建,具有操作简单快捷、实用性强等特点,避免了三维详图构件创建的复杂操作。

学习要点

绘图视图
详图索引
剖面

详图主要是指构造详图,既可以在项目中创建,也可以在族里创建,但需要大量的配套族文件。详图一般是二维图形,不建立三维模型。

构造详图的创建有三种方法:方法一是使用"视图"选项卡"创建"面板中的"绘图视图"命令;方法二是使用"视图"选项卡"创建"面板中的"详图索引"命令;方法三是使用"视图"选项卡"创建"面板中的"剖面"命令。

10.1 详图创建方法一

(1)打开族文件"吊件 CB 50-1 CB 60-1 侧"(图 10-1)和"主龙骨 CB 60×27(侧)",将族文件"主龙骨 CB 60×27(侧)"插入到族文件"吊件 CB 50-1 CB 60-1 侧"中;依次打开族文件"次龙骨 CB 50×20 正""次龙骨 CB 50×20 侧""矿棉板""纸面石膏板",将打开的上述族文件依次插入到"吊件 CB 50-1 CB 60-1 侧"族文件中(图 10-2)。

绘制详图

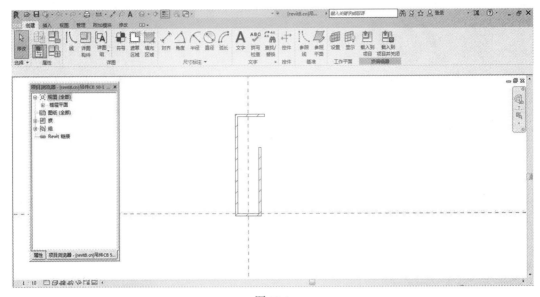

图 10-1

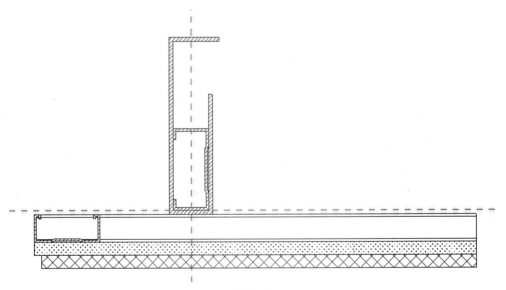

图 10-2

（2）保存族文件为"吊顶剖面节点一"，新建项目一为建筑样板文件，插入族文件到项目3（图10-3）。

保持插入状态（图10-4），在"视图"选项卡"创建"面板中单击"绘图 视图"按钮，弹出"新绘图视图"对话框，在对话框中输入名称、比例，再单击"确定"按钮。在项目浏览器中将生成新"绘图视图"（图10-5、图10-6），将插入的族文件图例放在"绘图视图（详图）"中（图10-7）。

第10章 详图

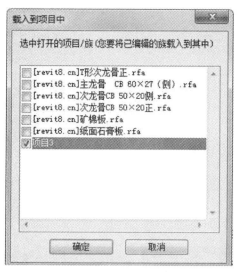

图 10-3

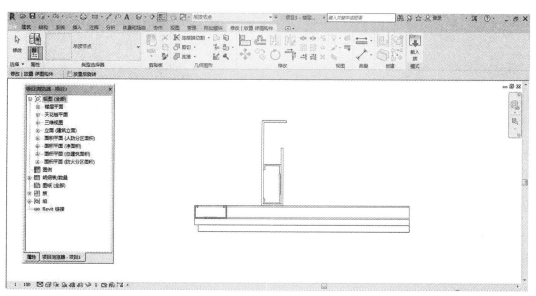

图 10-4

图 10-5

图 10-6　　　　　　　　　　　　　图 10-7

（3）在"注释"选项卡"详图"面板"区域"下拉列表中选择"填充区域"选项，绘制墙体剖面如图 10-8 所示。继续标注尺寸及文字注释，详图即可绘制完成。

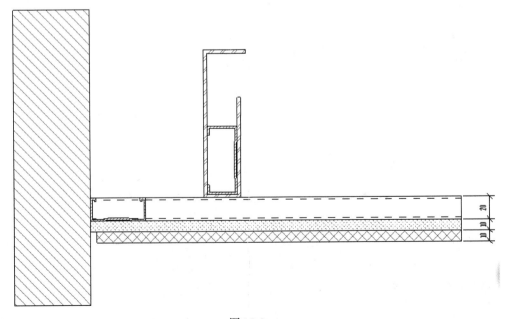

图 10-8

第10章 详图

10.2 详图创建方法二

（1）打开绘制详图需要的族文件，如果族参数不满足详图尺寸要求，应先修改族参数。打开族文件"60角钢组合（T）立面"，修改参数，108mm 改为 115mm；打开族文件"石材（六面防护）平角"，修改厚度参数，20mm 改为 30mm；打开族文件"钢立柱 [8"，修改宽度族参数为 60mm；打开族文件"钢横梁 40×4"，修改长宽为 75mm×75mm 的角钢。

二点五维图创建

（2）在"视图"选项卡"创建"面板"详图索引"下拉列表中选择"矩形"选项，在立面图适当位置绘制详图索引符号，如图 10-9 所示。

图 10-9

（3）在项目浏览器"立面（建筑立面）"中会生成一个详图索引新视图，修改视图名称为"详图 - 干挂石材节点 1"。将上面打开的族文件分别载入到视图中，绘制节点图如图 10-10 所示。

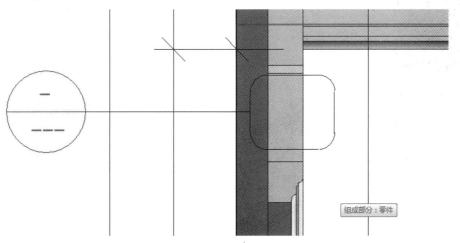

图 10-10

输入快捷命令 DI，标注尺寸；在"注释"选项卡"标记"面板中单击"按类别标记"按钮，标注材料名称，如出现"？"，则直接单击"？"修改材料名称即可，如图 10-11 和图 10-12 所示。

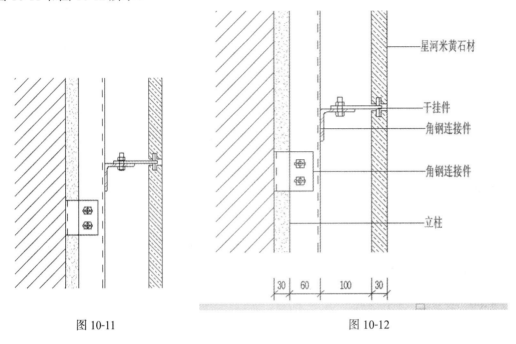

图 10-11　　　　　　　　　　　　　　图 10-12

10.3　详图创建方法三

部件创建详图

在"视图"选项卡"创建"面板中单击"剖面"按钮（图 10-13），自动切换至"修改｜剖面"上下文选项卡，在对应立面视图中适当部位绘制剖面剖切符号，在项目浏览器剖面视图中生成了一个剖面详图，修改名称为"干挂石材节点 2"。将节点对应的详图族文件分别载入视图中，调整好尺寸位置如图 10-14 和图 10-15 所示。

图 10-13

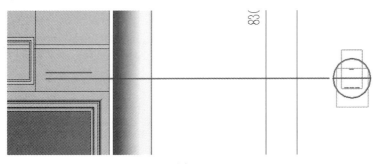

图 10-14

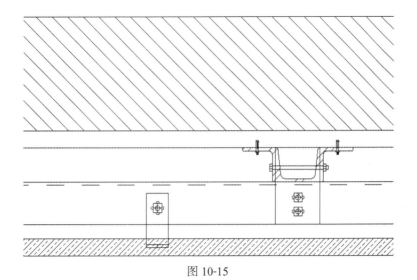

图 10-15

按前述方法标注尺寸和注释文字,如图 10-16 所示。

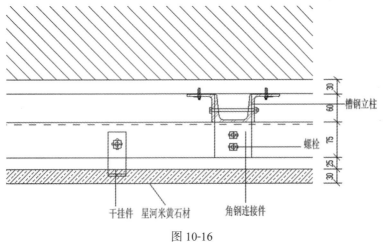

图 10-16

第 11 章 材质

教学导入

本章将对 Revit 软件中的材质功能进行讲述，详细介绍材质的设置与编辑，为后期渲染出图打下良好的基础。

学习要点

材质面板

材质属性

填充图案

11.1 Revit 材质应用

11.1.1 材质添加途径

在 Revit 平台中将材质应用于模型图元，共有 4 种添加途径。

1）按类别或按子类别添加

（1）在"管理"选项卡"设置"面板中单击"对象样式"按钮，系统将弹出"对象样式"对话框，在对话框"模型对象"或"导入对象"选项卡中单击类别或子类别对应的"材质"列，如图 11-1 所示，系统将弹出"材质浏览器"对话框。

（2）在"材质浏览器"对话框中选择一种材质，然后依次单击"应用"和"确定"按钮退出对话框。

2）按族添加

在族编辑器中打开要修改的族。在绘图区域中选择要对其应用材质的几何图形，可以为构件的各部分指定不同的材质。在"属性"面板中单击"族类型"按钮，弹出"族类型"

对话框,在对话框中单击"新建参数"按钮,在弹出的"参数属性"对话框中设置相应的参数属性(图 11-2～图 11-4)。

图 11-1

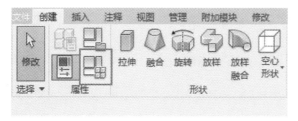

图 11-2

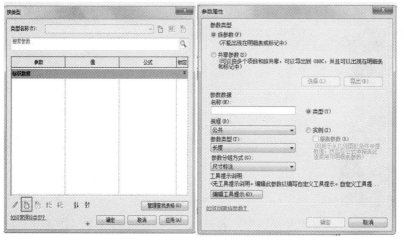

图 11-3

图 11-4

3）按图元参数添加

在视图中选择一个模型图元，然后使用图元属性应用材质。在"属性"面板中按下述方法找到材质参数：

（1）实例参数：在"材质和装饰"选项区域找到要修改的材质参数，在该参数对应的"值"列中单击鼠标。

（2）类型参数：单击"编辑类型"按钮（图11-5），在弹出的"类型属性"对话框的"材质和装饰"选项区域找到要修改的材质参数，在该参数对应的"值"列中单击鼠标。

（3）物理参数：如果图元是墙，在"属性"面板中单击"编辑类型"按钮，在弹出的"类型属性"对话框中单击与"结构"所对应的"编辑"按钮（图11-6），在弹出的"编辑部件"对话框中单击要修改其材质的层所对应的"材质"列，在弹出的"材质浏览器"对话框中选择一种材质，然后单击"应用"按钮，添加材质后单击"确定"按钮（图11-7）。

图 11-5

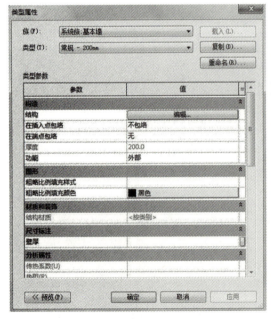

图 11-6　　　　　　　　　　　图 11-7

4）按图元几何图形的面添加

选中图元（如果图元是墙），在"几何图形"面板中选择"填色"工具（图11-8），在弹出的"材质浏览器"对话框中选择相应材质，赋予模型材质（图11-9）。

第11章 材质

图 11-8

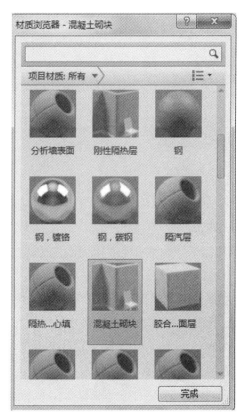

图 11-9

11.1.2 材料属性

材料属性如图 11-10 所示。

（1）标识：主要用于信息分析。

（2）图形：主要控制材质在未渲染视图中的外观。

（3）外观：主要控制材质在渲染视图、真实视图或光线追踪视图中的显示方式。

（4）物理：主要用于结构分析（装饰材质暂不涉及）。

（5）热度：主要用于能量分析（装饰材质暂不涉及）。

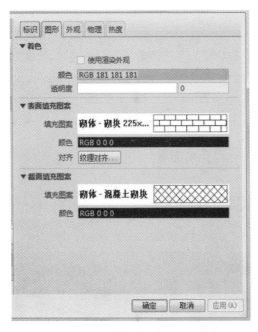

图 11-10

11.1.3 应用对象

材料通常应用在系统族和可载入族。系统族包含用于创建基本建筑图元（如建筑模型中的墙、楼板、天花板和楼梯等）的族类型。系统族还可以作为其他种类族的主体，这些族通常是可载入族，如墙的系统族可以作为标准构件门 / 窗部件的主体。可载入族具有高度的可自定义的特征，因此可载入的族是 Revit 软件中最经常创建和修改的族。

（1）系统族（墙柱面、吊顶、地面等）。系统族是已在 Revit 软件中预定义且保存在样板和项目中，可以直接复制和修改系统族中的类型，以便创建自定义系统族类型参数。

（2）载入族（家具、造型、门、卫浴装置等）。载入族是在族编辑器中进行参数设置，族中的每一个图元都有一个材料参数。该图元被创建的时候，材料参数设置为"按类别"，添加方式通常有以下两种：

① 直接赋予材质。当在族编辑器里面直接赋予材质，在项目中将不能被修改材质。

② 添加材质共享参数。添加一个实例或类型参数的材质共享参数，在项目中可以修改 3D 图元的材质。

可载入族可用于创建下列构件的族：

① 安装在建筑内和建筑周围的建筑构件，如窗、门、橱柜、装置、家具和植物等；

② 安装在建筑内和建筑周围的系统构件，如锅炉、热水器和卫浴装置等。

11.2 Revit 材质创建与编辑

11.2.1 添加到材质列表

本节内容包括添加材质时涉及的几项基本命令。了解在 Revit 软件中，如何快速创建一个新的材质，编辑、添加新的资源属性，替换及删除材质等。使用"材质浏览器"对话框中的"材质编辑器"面板查看或编辑

创建材质　　材质编辑

材质的资源和属性,仅可编辑当前项目中的材质。

(1)在库材质列表中,单击选中某个材质,然后单击"添加—编辑"按钮,将材质从库添加到项目材质列表中(图 11-11)。

图 11-11

(2)在编辑模式下,"材质编辑器"面板将显示所选材质的资源。单击其中一个资源选项卡(如"标识"或"图形"),查看其属性,如图 11-12 所示。

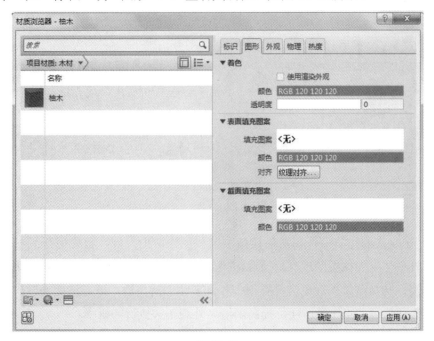

图 11-12

(3)编辑资源的属性,可通过单击"应用"按钮保存变更且材质在"材质编辑器"面板中处于打开状态,如图 11-13 所示(对资源属性所作的变更,仅应用到位于当前项目中的材质。如果对来自库的材质进行编辑，库中的原始材质保持不变）。

图 11-13

（4）若要重命名材质，则应在项目材质列表中的材质上右击，在弹出的快捷菜单中选择"重命名"命令。若要复制材质，则通过单击相应选项卡在"材质编辑器"面板中显示资源，然后在快捷菜单中选择"复制"命令，如图 11-14 所示（复制资源时，所选资源的副本存储在当前项目的资源库中。复制资源会创建所选资源的可编辑版本，而不会更改原始资源）。

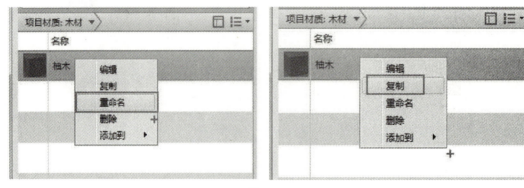

图 11-14

（5）修改或创建渲染外观的最佳做法。要创建渲染外观，首先应找到一种与新材质和渲染外观尽可能接近的现有材质和渲染外观。如现有渲染外观应与新外观具有相同的材质类别，与新渲染外观也应具有很多相同或相似的属性。该方法能够减少定义新渲染外观时必须执行的工作量，还可提高新渲染外观正常执行的概率。

11.2.2 添加材质资源

如果材质尚未有相同类型的资源，则可以将资源添加到材质。

（1）在"材质浏览器"对话框中选择材质。

（2）在"材质编辑器"面板中，单击"添加资源"按钮以显示"添加资源"下拉菜单，然后在下拉菜单中选择要添加的资源类型（图 11-15）。应注意的是，无法添加已经存在于材质中的资源，因此无法在"添加资源"下拉菜单中选择这些资源。

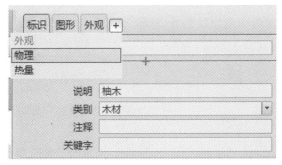

图 11-15

（3）在"资源浏览器"中展开左侧窗格中的面板，然后在右侧窗格中选择要添加到材质的资源（图 11-16）。

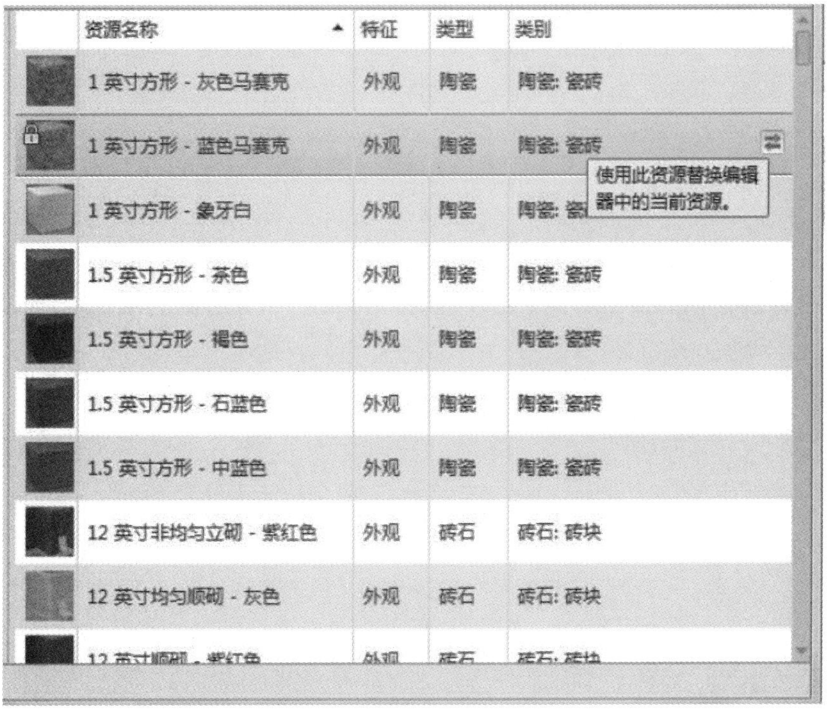

图 11-16

（4）单击资源右侧的按钮，此时，选定的资源即添加到材质，并显示在"材质浏览器"对话框"材质编辑器"面板中，如图 11-17 所示。

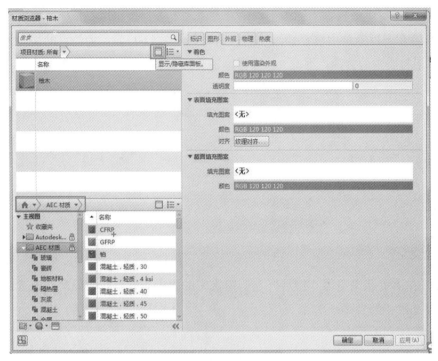

图 11-17

11.2.3 替换材质资源

可以从"材质浏览器"中选择并替换现有的资源。应注意的是，如果编辑在某个项目中使用的资源，则对该资源的更改会影响到同样使用该资源的项目中的任何其他材质，必须替换或复制该资源，才能使其不同于在原始材质中选定的资源。

（1）在"材质浏览器"对话框中选择材质。

（2）在"材质浏览器"对话框的"材质编辑器"面板上，选择要替换的资源对应的选项卡（如"外观"），然后单击"替换此资源"按钮（图 11-18），系统弹出"资源浏览器"对话框。

图 11-18

(3)在"资源浏览器"对话框中,选择要添加到材质的资源。若要在"资源浏览器"对话框中能更方便地查找某个资源,可单击列标题,按名称、长宽比、类型或类别对资源进行排序,也可以使用资源列表上方的搜索栏(图11-19)。

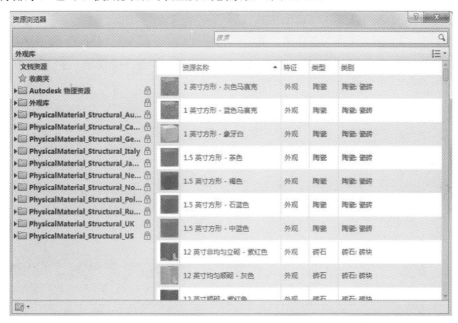

图 11-19

(4)单击选定资源右侧的"替换"按钮,选定的资源将替换材质中的原始资源,并显示在"材质编辑器"面板中(图11-20)。重复此步骤以替换其他资源。应注意的是,资源更改仅应用于当前项目中的材质。

图 11-20

(5)关闭"资源浏览器"对话框,然后单击"材质浏览器"对话框中的"应用"或"确定"按钮。

11.2.4 删除材质

在"材质浏览器"对话框中,使用"材质编辑器"面板可在项目中删除材质的"物理"或"热度"资源,不能删除"外观"资源。项目中材质资源的处理方式不同于库中的资源,项目中的资源如果不再与该项目中的材质相关联，则该资源将被删除，但是，库中的资源仍将保留，即使它与材质无关联也会保留。系统无法识别资源和材质之间的任何关联，所以应谨慎管理资源库，以消除不必要的资源，同时要避免删除正在使用的资源。

（1）在"材质浏览器"对话框中选择材质。

（2）在"材质编辑器"面板中，单击要删除的"物理"或"热度"选项卡。

（3）单击右上角的"删除此资源"按钮，将显示"是否确实要从材质中删除此资源？"，如图 11-21 所示。

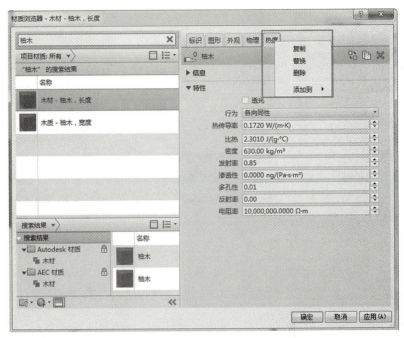

图 11-21

（4）单击"删除"按钮。此时，选定的资源即从材质中删除，资源选项卡将从"材质浏览器"对话框的"材质编辑器"面板中删除。

11.3 详解材质面板参数

在"材质浏览器"对话框的"材质编辑器"面板中，可调节以下 5 种材料信息（图 11-22）。

图 11-22

（1）"标识"属性：材质的"标识"属性如图 11-23 所示，可存储材质常规的文本信息。材质的大部分信息能在材质标记和统计时被提取，材质面板的搜索栏也会搜索材质的所有标识参数值。

（2）"图形"属性和"外观"属性："图形"和"外观"属性决定材质的显示方式。两者的区别在于，"图形"属性定义了材质在"线框"、"隐藏线"、"着色"和"一致的颜色"视图样式中的显示方式，决定了材质出图时的主要特征；"外观"属性定义了材质在"真实""光线追踪"视图样式中的显示方式，它包括贴图、反射度等渲染设置，决定了材质在渲染时的主要特征。

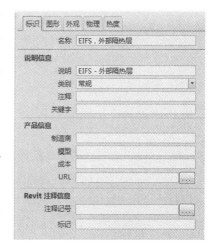

图 11-23

① "着色"选项区域。"图形"属性中的"着色"选项区域可以控制图元在"着色"和"一致的颜色"两个视图样式下的单色色彩。"图形"属性中"着色"共有三个参数："颜色"参数定义显示色彩，"透明度"参数设置材质的透明程度，当勾选了"使用渲染外观"时，着色颜色将随材质外观属性中的色彩值而变化。

② "填充图案"选项区域。"图形"属性中的"填充图案"可以控制图元材质的图例填充，材质可以分别定义"表面"和"截面"的填充图案。"截面填充图案"定义平面图的被剖切的墙体的图例填充，"表面填充图案"定义立面图中墙体的显示样式。

单击"图形"选项卡中的"填充图案"文本框，系统将弹出"填充样式"对话框，用户可以在对话框列表中选择合适的填充图案，如图 11-24 所示。

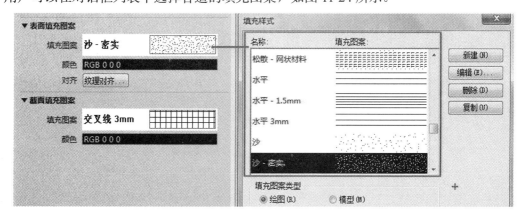

图 11-24

填充图案分为"绘图"和"模型"两类，两者的区别是"绘图"填充不受视图比例、图元方向的限制；而"模型"填充与图元大小、方向是保持恒定的。

"模型"填充也可以通过"对齐"命令调整在图元中的位置，如图 11-25 所示。

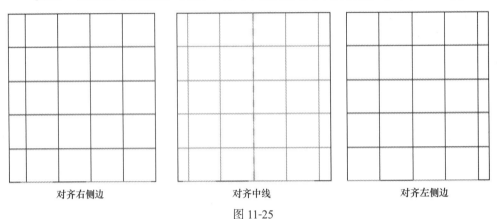

对齐右侧边　　　　　　　　对齐中线　　　　　　　　对齐左侧边

图 11-25

如果项目中自带的填充图案不够使用，用户可以自行制作简单的填充图案或载入填充图案文件。

用户可以自行制作垂直、水平或交叉的简单网格填充图案，其方法是：单击"填充样式"对话框中的"新建"按钮，在弹出的"新填充图案"对话框中，选择制作"简单"填充图案，然后定义填充图案的名称，选择填充图案是由单线还是交叉填充线组成，再为这些线指定间距和角度即可，如图 11-26 所示。

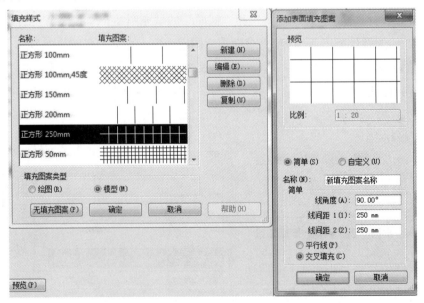

图 11-26

复杂的填充图案需要定义好 pat 文件后再载入到项目中，载入文件的方法是：单击"填充样式"对话框中"新建"按钮，在弹出的"新填充图案"对话框中，勾选"自定义"

选项，然后单击"导入"按钮，在弹出的"导入填充样式"对话框中选择需要导入的填充文件（扩展名为 .pat），再修改其比例即可，如图 11-27 所示。

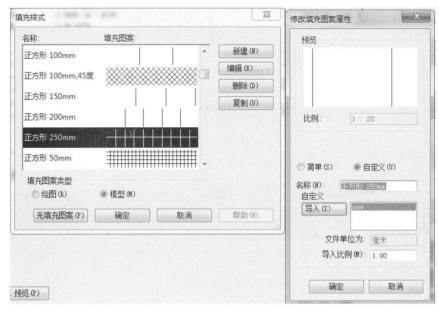

图 11-27

（3）"物理"属性和"热度"属性：如果需要对建筑进行结构和热分析，则需要为材质指定物理属性和热度属性，如图 11-28 和图 11-29 所示。"物理"属性和"热度"属性不是材质必备的属性，可以单击选项旁边的"×"按钮将其删除，或单击"+"为材质添加该类属性，如图 11-30 所示。

图 11-28

图 11-29

图 11-30

11.4 案例材质详解

(1)在"管理"选项卡"设置"面板中单击"材质"按钮(图 11-31)。

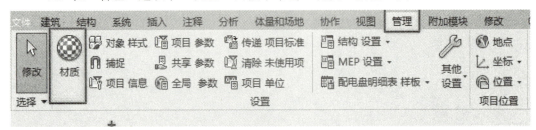

图 11-31

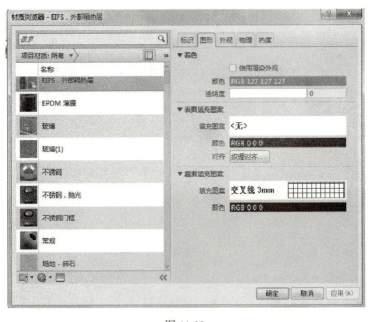

图 11-32

(2)系统弹出"材质浏览器"对话框(图 11-32),单击对话框左下角图标,在下拉列表中选择"创建新库"选项,在弹出的"选择文件"对话框中设置保存路径,保存"宾馆酒店材质库.adsklib"文件(图 11-33)。双击打开"宾馆酒店材质库",此库中没有材质,可往库中添加材质。搜索"星河米黄石材"材质,右击,在弹出的快捷菜单中选择"添加到"→"宾馆酒店村质库"命令,即可将材质添加到"宾馆酒店材质库"(图 11-34)。依次搜索"凡尔赛金石材波打线""松香玉石材""实木复合地板",添加到"宾馆酒店材质库"中(图 11-35)。

图 11-33

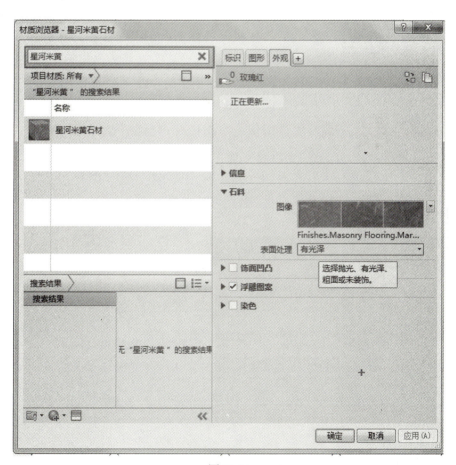

图 11-34

图 11-35

图 11-36

（3）单击对话框左下角中间图标（图 11-36），在下拉列表中选择"新建材质"选项，在"默认为新材质"名称上右击，在弹出的快捷菜单中选择"重命名"命令，重命名为"瓷砖"，选择"材质编辑器"面板中的"外观"选项卡，在"常规"区域"图像"中加载赋予材质的肌理图片，再次单击图像，可对图片进行编辑，如图 11-37～图 11-40 所示。

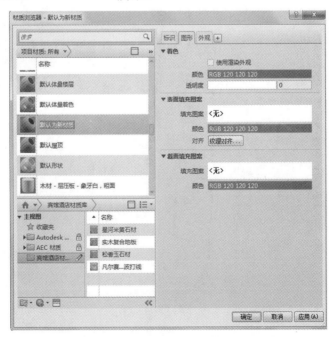

图 11-37

图 11-38

图 11-39

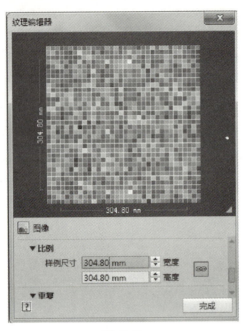

图 11-40

依次单击"应用""确定"按钮，即可完成添加材质。

第 12 章 输出与打印

教学导入

本章将对 Revit 软件的导出与打印进行讲解,认识到 Revit 成果的交付可通过导出 CAD 二维图纸来完成。

学习要点

导出 CAD 文件

打印 PDF 文件

12.1 导出 CAD 文件

在 Revit 软件中,可以将项目中选定的图纸转为不同格式,以在其他软件中使用,对于编辑完成的图纸一般转化为 CAD 文件格式。CAD 文件格式包括 DWG、DXF、DGN 和 ACIS(SAT)四种文件形式,图纸一般导出为".dwg"或".dxf"格式。

导出 CAD 文件

(1)打开项目文件,在项目浏览器里选择一张图纸,双击打开(图 12-1)。

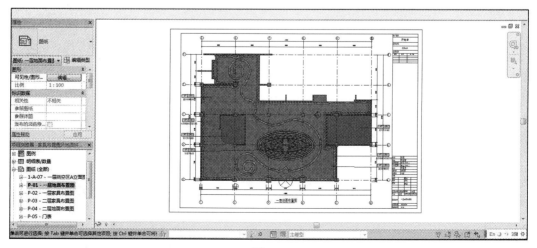

图 12-1

（2）此时视图模式为"真实"模式，需要将其切换为"线框"模式。在项目浏览器中将视图切换至图纸所对应的楼层平面，在状态栏中单击"视觉样式"按钮，在下拉列表中切换为"线框"模式，再返回图纸空间，即完成了切换（图12-2）。

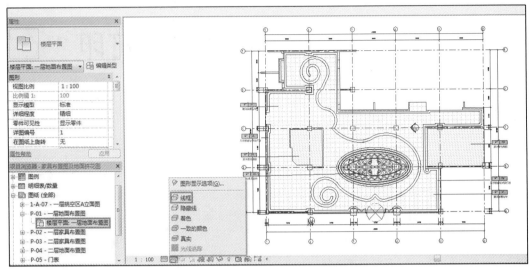

图 12-2

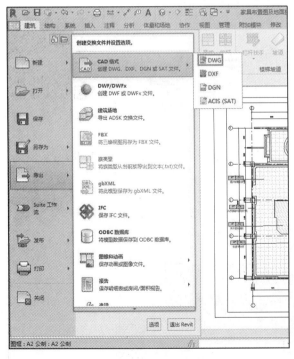

图 12-3

（3）单击"文件"选项卡，在下拉列表中依次选择"导出"→"CAD格式"→"DWG"或"DXF"（图12-3），系统弹出"DWG（或DXF）导出"对话框，在对话框中单击"选择导出设置"选项框右边的"修改导出设置"按钮，系统弹出"修改DWG/DXF导出设置"对话框。如果要一次性导出模型所有的图纸或有选择性的导出图纸，则在"DWG（或DXF）导出"对话框中单击"导出"选项框右边的下拉菜单按钮，选择"<任务中的视图/图纸集>"选项，然后再单击"按列表显示"选项框右边的下拉菜单按钮，选择"模型中的图纸"选项，下方列表中即可显示所有图纸，在需要导出的图纸前将复选框勾选中即可（图12-4）。

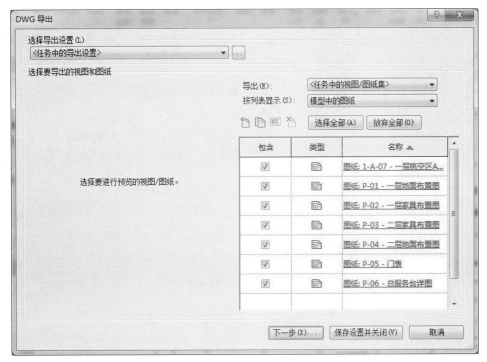

图 12-4

（4）在"修改 DWG/DXF 导出设置"对话框中，分为"层""线""填充图案""文字和字体""颜色""实体""单位和坐标""常规"8 个选项卡。在这 8 个选项卡中，可以根据需要设定 Revit 软件中的图元对应到 CAD 文件中的设置。在"修改 DWG/DXF 导出设置"对话框中可以新建导出设置，以便重复使用。如图 12-5 所示。

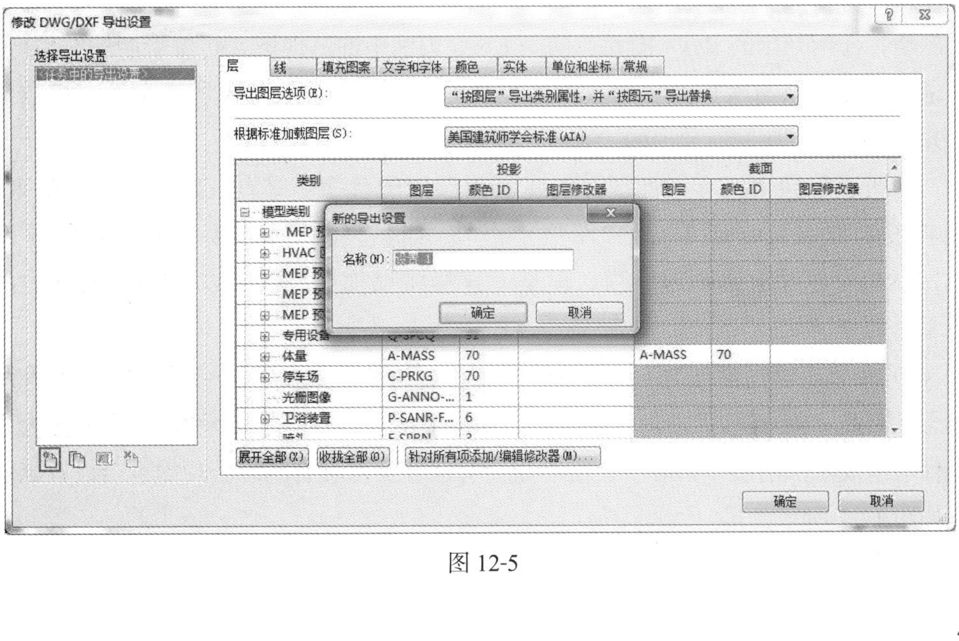

图 12-5

（5）在"层"选项卡中有三种导出方式，分别是"'按图层'导出类别属性，并'按图元'导出替换""'按图层'导出所有属性，但不导出替换""'按图层'导出所有属性，并创建新图层用于替换"，如图12-6所示。

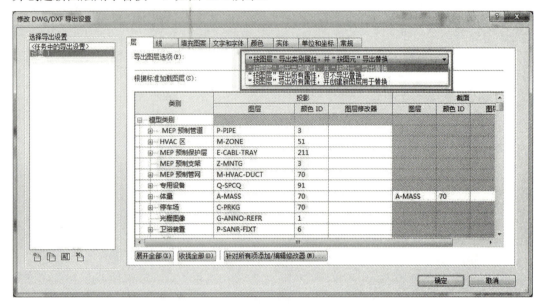

图12-6

"按图层"导出类别属性，并"按图元"导出替换：具有视图专有图形替换的Revit图元在CAD应用程序中保留这些替换，但与同一Revit类别中的其他图元将位于同一CAD图层上。

"按图层"导出所有属性，但不导出替换：视图专有图形替换在CAD应用程序中将被忽略。任何导出的Revit图元与同一Revit类别中的其他图元将位于同一CAD图层上。通过强制使所有实体显示由其图层定义的视觉属性，此选项所产生的图层数量较少，并允许按图层控制所导出的DWG/DXF文件。

"按图层"导出所有属性，并创建新图层用于替换：具有视图专有图形的Revit图元将被放置在其自己的CAD图层上。使用此选项，可以按图层控制所导出的DWG/DXF文件并保留图形意图。但是，这样将增加导出的DWG/DXF文件中的图层数量。

（6）在导出设置窗口中，比较特殊的是图层的设置，由于Revit软件中不存在图层的概念，因此，Revit软件中的一种族文件对应CAD文件中的一个图层，有些还会根据族文件的组成添加图层，如墙中根据功能会有区分，墙具有的多个功能也会设置默认图层，如图12-7所示。

类别	投影			截面		
	图层	颜色 ID	图层修改器	图层	颜色 ID	图层修改器
墙	A-WALL	113		A-WALL	113	
保温层/空气…	A-WALL	113		A-WALL	113	
公共边	A-WALL	113		A-WALL	113	
墙饰条	A-WALL	113		A-WALL	113	
墙饰条 - 檐口	{A-WALL}	113		{A-WALL}	113	
幕墙网格	A-GLAZ-G…	2		A-GLAZ-G…	2	
截面填充图案	A-WALL-P…	111		A-WALL-P…	111	
涂膜层	A-WALL	113		A-WALL	113	
结构 [1]	A-WALL	113		A-WALL	113	
表面填充图案	A-WALL-P…	111		A-WALL-P…	111	
衬底 [2]	A-WALL	113		A-WALL	113	
隐藏线	A-WALL-H…	110		A-WALL-H…	110	
面层 1 [4]	A-WALL-F…	113		A-WALL-F…	113	
面层 2 [5]	A-WALL-F…	113		A-WALL-F…	113	
墙/内部	I-WALL	2		I-WALL	2	
墙/外部	A-WALL	113		A-WALL	113	
墙/基础墙	S-FNDN	32		S-FNDN	32	
墙/挡土墙	L-SITE-WA…	31		L-SITE-WA…	31	
天花板	A-CLNG	13		A-CLNG	13	

图 12-7

在"常规"选项卡中，根据不同出图要求进行设置，不同选项的命令如图 12-8 所示。

图 12-8

不可打印的图层：选择"使包含以下文字的图层不可打印"选项，可将名称中包含指定文字的图层标记为不可打印（注意，如果取消勾选该选项，文本框将处于非活动状态）。

271

隐藏范围框：选择此选项，可在导出文件中隐藏范围框，取消勾选该选项则包括范围框。

隐藏参照平面：选择此选项，可在导出文件中隐藏参照平面，取消勾选该选项则包括参照平面。

隐藏未参照的视图标记：选择此选项，可在导出文件中隐藏未参照的视图标记，取消勾选该选项则包括未参照的视图标记。

保持重合线：选择此选项，可在导出文件中包含重合线，取消勾选该选项则将其忽略。

将图纸上的视图和链接作为外部参照导出：如果希望项目中的任何 Revit 或 DWG 链接导出为单个文件，而不是多个彼此参照的文件，则应取消勾选该复选框。此处通常取消勾选该复选框。

导出为文件格式：为了更好的兼容性，方便图形文件的交换，可以将文件保存成较低版本的类型，如"AutoCAD 2010 格式"。

（7）设置完成后，单击"确定"按钮返回"修改 DWG/DXF 导出设置"对话框，返回"DWG（或 DXF）导出"对话框，单击"下一步"按钮，系统弹出"导出 CAD 格式—保存到目标文件夹"对话框，将图纸保存到相应文件夹内，如图 12-9 所示。

图 12-9

（8）将保存完成的图纸在 CAD 软件中打开，在布局空间中查看图纸，如图 12-10 所示。

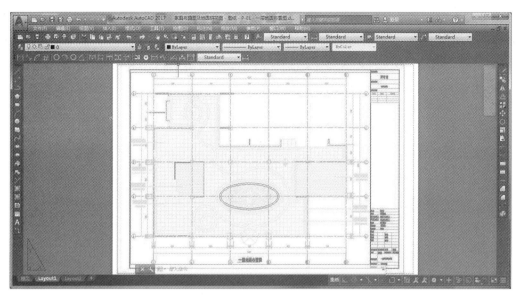

图 12-10

12.2 打印 PDF 文件

12.2.1 打印黑白线稿施工图

打开项目文件,进入图纸空间(图 12-11)。

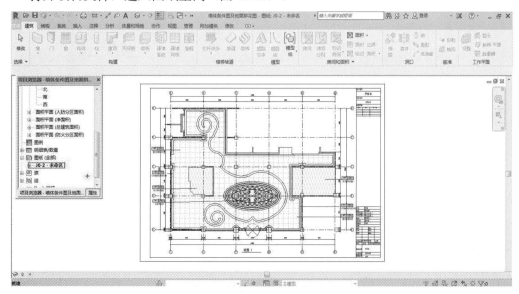

图 12-11

进入"楼层平面：标高1"视图，显示模式调整为"隐藏线"模式，再返回到图纸视图（图12-12）。单击"文件"选项卡，在下拉菜单中选择"打印"命令，在弹出的"打印"对话框中设置相应参数，选择打印机名称为"Foxit Reader PDF Printer"（图12-13）。

图 12-12

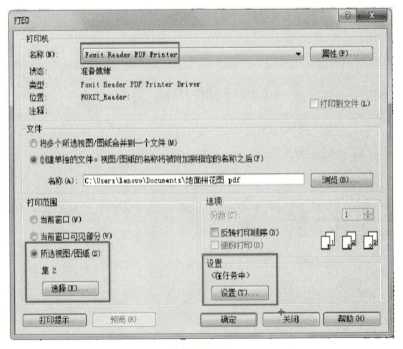

图 12-13

打印范围选择"所选视图/图纸"，单击"选择"按钮，弹出"视图/图纸集"对话框，在对话框中设置要打印的图纸或视图（图12-14）。设置打印参数，应注意的是，黑白线稿施工图打印一定选择"矢量处理"选项（图12-15）。

在"打印"对话框中单击"属性"按钮，可对打印机属性参数进行设置（图12-16）。打印出图，保存好名称、路径，黑白线稿施工图打印完成。

第12章 输出与打印

图 12-14

图 12-15

275

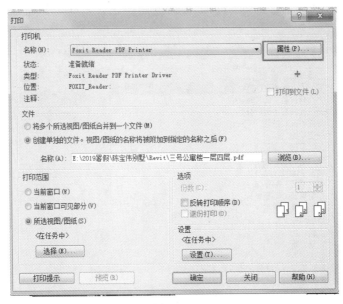

图 12-16

12.2.2 打印彩色平面图

进入"楼层平面：标高 1"视图，显示模式调整为"真实"模式（图 12-17）。

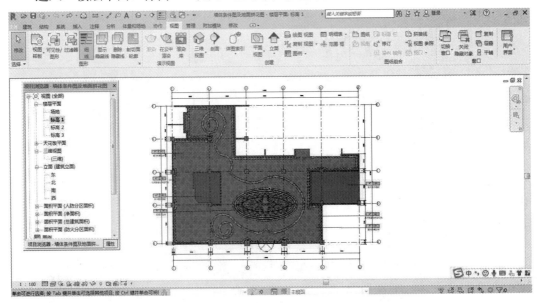

图 12-17

返回到图纸视图，如图 12-18 所示。

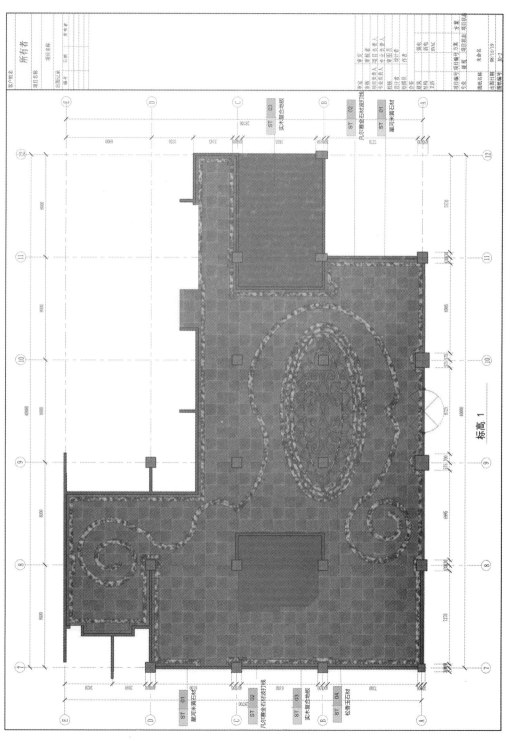

图 12-18

单击"文件"选项卡，在下拉菜单中选择"打印"命令，在弹出的"打印"对话框中设置参数，同黑白线稿施工图打印。应注意的是，打印机名称一定要选择"pdfFacory Pro"，在"打印设置"对话框中选择"光栅处理"，"彩色"打印。单击"保存"按钮，设置保存路径，打印出图即可（图12-19、图12-20）。

图 12-19

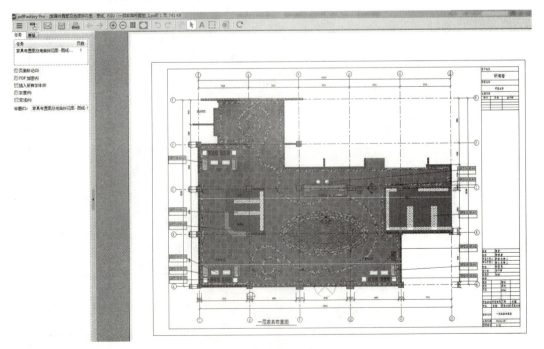

图 12-20

第13章 体量

教学导入

体量是 Revit 软件正向设计中一个很重要的工具，功能强大。本章将对体量概念及应用进行初步的介绍，为以后读者在 Revit 软件使用提高方面打下良好的基础。

学习要点

概念体量

体量创建形状

体量化

纹理化

构件化

体量是建筑设计与装饰设计中一个很重要的内容，一般是在完成概念设计和方案设计时创建体量模型，用以推敲三维造型。概念设计完成后，可以直接将建筑图元添加到这些造型中。

13.1 体量创建

13.1.1 相关概念

Revit 软件提供了体量工具，用于项目前期概念设计阶段使用设计环境中的点、线、面图元快速建立概念模型，从而探究设计的理念。完成概念体量模型后，可以通过"面模型"工具直接将墙、幕墙系统、屋顶、楼板等建筑构件添加到体量形状当中，将概念体量模型转换为建筑设计模型，实现由概念设计阶段向建筑设计阶段的快速转换。

体量创建

概念设计环境：为建筑师提供创建可集成到建筑信息模型（BIM）中的参数化族体量的环境。

体量：用于观察、研究和解析建筑形式的过程，分为内建体量和体量族。

内建体量：用于表示项目独特的体量形状，随着项目保存于项目之内。

创建体量族：采用"公制体量"族样板在体量族编辑器中创建，独立保存为后缀名为".rfa"的族文件。在一个项目中放置体量的多个实例或者在多个项目中需要使用同一体量时，通常使用可载入体量族。

体量面：体量实例的表面，可直接添加建筑图元。

体量楼层：在定义好的标高处穿过体量的水平切面生成的楼层，提供了有关切面上方体量直至下一个切面或体量顶部之间尺寸标注的几何图形信息。

13.1.2 体量创建方法

进入概念体量族编辑状态，在"公制体量 .rte"族样板中提供了基本标高平面和相互垂直且垂直于标高平面的两个参照平面。这几个面可以理解为空间 X、Y、Z 坐标平面，三个平面的交点可理解为坐标原点。在创建概念体量时，通过指定轮廓所在平面及距离原点的相对距离定位轮廓线的空间位置。

要创建概念体量模型，必须先创建标高、参照平面、参照点等工作平面，再在工作平面上创建草图轮廓，再将草图轮廓转换生成三维概念体量模型。下面以创建简单楔形体为例，说明在 Revit 软件中创建概念体量模型时的空间定位及建模方法。

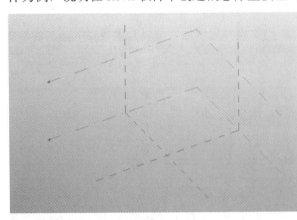

图 13-1

（1）单击"文件"选项卡，在下拉列表中选择"新建"→"概念体量"命令，在弹出的"新概念体量—选择样板文件"对话框中选择"公制体量"选项，默认进入三维视图（图 13-1）。

在"创建"选项卡"基准"面板中单击"标高"按钮，自动切换至"修改｜放置 标高"上下文选项卡，在选项栏中勾选"创建平面视图"选项，如图 13-2 所示。在三维视图中移动鼠标指针到默认标高上，当临时尺寸标注显示为 45000mm 时单击鼠标放置标高（图 13-3），完成后按两次 <Esc> 键退出放置标高模式。

第13章 体量

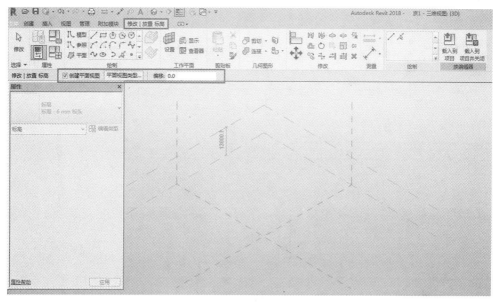

图 13-2

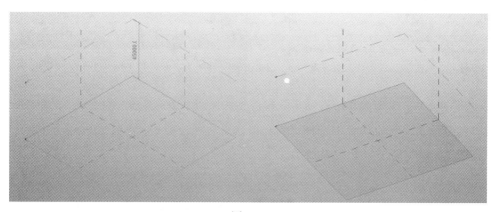

图 13-3

（2）在项目浏览器中将视图切换至"楼层平面：标高 1"平面视图，设置工作平面为标高 1（图 13-4），创建模型线，选择"在工作平面上绘制"选项（图 13-5），按图 13-6 所示在中心参照平面位置绘制矩形。切换至"楼层平面：标高 2"视图，使用类似方式绘制矩形轮廓。

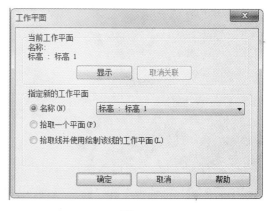

图 13-4

281

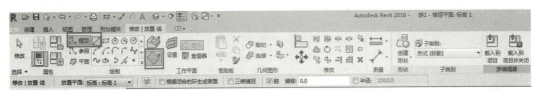

图 13-5

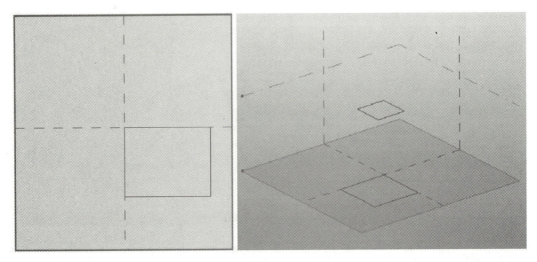

图 13-6

（3）切换至三维视图，按住 <Ctrl> 键分别选择两个矩形轮廓（图 13-6），在"形状"面板"创建形状"下拉列表中选择"实心形状"选项（图 13-7），Revit 系统将自动创建三维概念体量模型，如图 13-8 所示。

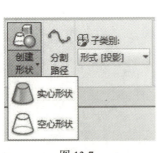

图 13-7

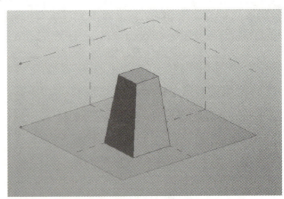

图 13-8

（4）在"绘制"面板中选择绘图模式为"模型线"，绘制方式为"直线"，在选项栏中勾选"三维捕捉"和"链"选项，如图 13-9 所示，在绘图区域依次捕捉上一步生成的多边形相邻三条边的中点，沿各表面绘制封闭的空间三角形（图 13-10）。完成后

按两次 <Esc> 键退出绘图模式。

图 13-9

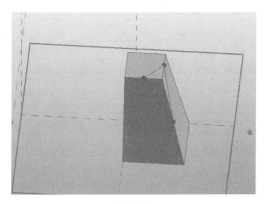

图 13-10

选择上一步中创建的封闭空间三角形,在"形状"面板"创建形状"下拉列表中选择"空心形状"选项(图 13-11)。

在弹出两个图标中选择左侧的空心体创建选项(图 13-12),完成后的造型如图 13-13 所示。

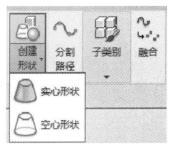

图 13-11

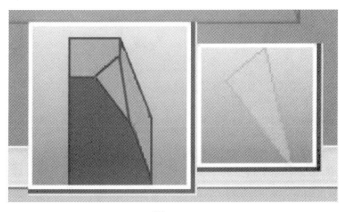

图 13-12

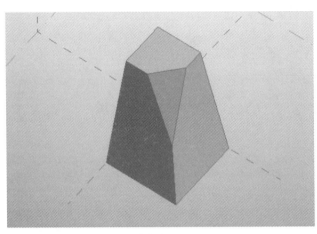

图 13-13

（5）如图 13-14 所示，在"绘制"面板中选择"参照"选项，切换至绘制参照线模式；依次在"绘制"面板中选择"直线"→"在面上绘制"选项，在选项栏中勾选"三维捕捉"选项，在绘图区域依次捕捉斜面空间三角形的顶点和底边中点，绘制参照线完成后按两次 <Esc> 键退出绘制模式。

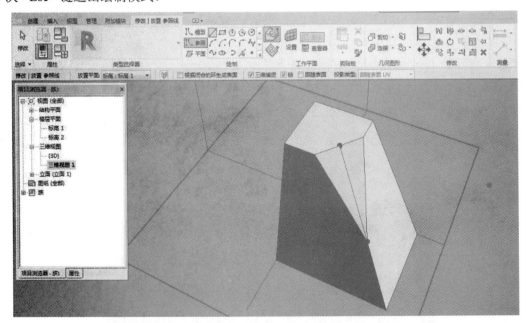

图 13-14

（6）再次切换至参照线绘制模式，在"绘制"面板中选择绘制方式为"点图元"，移动鼠标指针至上一步绘制的参照线的任意位置单击鼠标，在参照线上放置点图元，完成后按两次 <Esc> 键退出绘图模式。

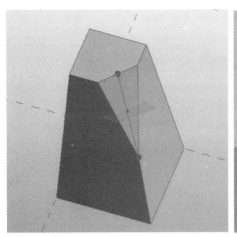 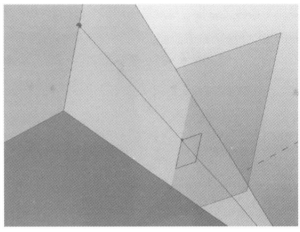

图 13-15

（7）单击上一步创建的点图元，Revit 软件将以此点作为工作平面。该工作平面垂直于该点所在的参照线。在"属性"面板中修改"规格化曲线参数"值为 0.5，"测量"方式为"起点"，即修改该点自参照线起点开始至参照线总长度 50% 的位置（即参照线的中间）。

（8）单击"工作平面"面板中的"查看器"按钮，系统将弹出"工作平面查看器"对话框，如图 13-16 所示，该对话框中将显示垂直于当前工作平面的视图，以方便用户在绘制时准确定位。

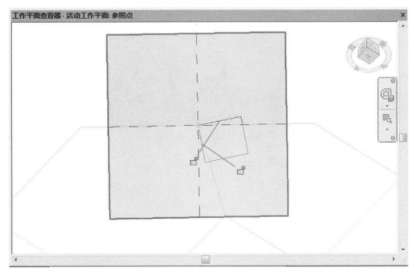

图 13-16

（9）在"绘制"面板中单击"模型"按钮，选择绘制方式为"矩形"，取消勾选选项栏中的"三维捕捉"选项，激活"工作平面查看器"对话框，在对话框中捕捉定位参照平面的交点作为起点绘制矩形,并配合使用"旋转"和"移动"工具修改矩形位置,如图 13-17 所示。

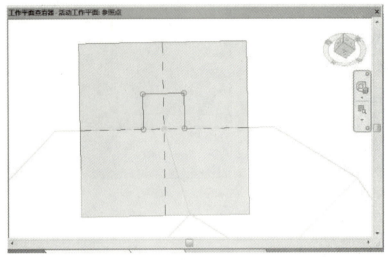

图 13-17

(10)在"工作平面查看器"窗口中单击选择绘制的矩形轮廓,在"形状"面板"创建形状"下拉列表中选择"实心形状"选项,系统将以矩形为基础创建拉伸实体。保持实体顶面处于选择状态,修改临时尺寸线值为 8000,修改拉伸实体高度为 8000,结果如图 13-18 所示。按两次 <Esc> 键退出所有选择集。设置路径保存文件,载入到项目中。

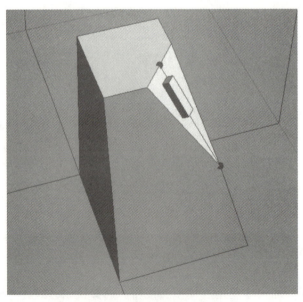

图 13-18

13.2 体量基本形状的创建

体量基本形状的创建方法见表 13-1。

体量基本形状的创建

表 13-1 实心与空心体量模型基本创建方法

选择的形状	说明	实心模型	空心模型
	选择一条线，在"形状"面板"创建形状"下拉列表中选择"实心形状"或"空心形状"，该线将垂直向上生成实心面或空心面，相当于创建构件族里面的"拉伸"命令（但创建构件族只能选择封闭的形状）		
	选择一个封闭的形状，在"形状"面板"创建形状"下拉列表中选择"实心形状"或"空心形状"，形状将沿垂直工作平面生成实心体或空心体，相当于创建构件族里的"拉伸"命令		
	选择两条线（其中一条须为直线），在"形状"面板"创建形状"下拉列表中选择"实心形状"或"空心形状"，选择两条线创建形状时预览图形下方的提示可选择创建方式，可以选择以直线为轴旋转弧线，相当于创建构件族里的"旋转"命令（但创建构件族只能选择封闭的形状和线），也可以选择两条线作为形状的两边形成面		
	选择一条直线及一条闭合轮廓（线与闭合轮廓位于同一工作平面），在"形状"面板"创建形状"下拉列表中选择"实心形状"或"空心形状"，将以直线为轴旋转闭合轮廓创建形体，相当于创建构件族里的"旋转"命令		

续表

选择的形状	说明	实心模型	空心模型
	选择一条线以及线的垂直工作平面上的闭合轮廓，在"形状"面板"创建形状"下拉列表中选择"实心形状"或"空心形状"，闭合形状将沿线放样创建实心或空心形体，相当于创建构件族里的"放样"命令		
	选择一条线以及线的垂直工作平面上的多个闭合轮廓，在"形状"面板"创建形状"下拉列表中选择"实心形状"或"空心形状"，封闭形状将沿着指定的线作为路径融合成三维形状，相当于创建构件族里的"放样融合"命令		
	选择两个及以上不同工作平面的闭合轮廓，在"形状"面板"创建形状"下拉列表中选择"实心形状"或"空心形状"，不同位置的垂直闭合轮廓将自动融合创建体量形状，相当于创建构件族里的"融合"命令		

13.3 体量曲面

体量曲面

（1）单击"文件"选项卡，在下拉列表中选择"新建"→"概念体量"命令，在弹出的"新概念体量—选择样板文件"对话框中选择"公制体量"族文件。在项目浏览器中将视图切换至"楼层平面：标高1"视图平面，绘制参照线如图13-19所示。切换至侧立面，绘制半圆形参照线如图13-20所示。单击选择半圆形线条，在"形状"面板"创建形状"下拉菜单中选择"实心形状"选项（图13-21），将绘制的拱形两端边界对齐前面绘制的参照线（图13-22）。

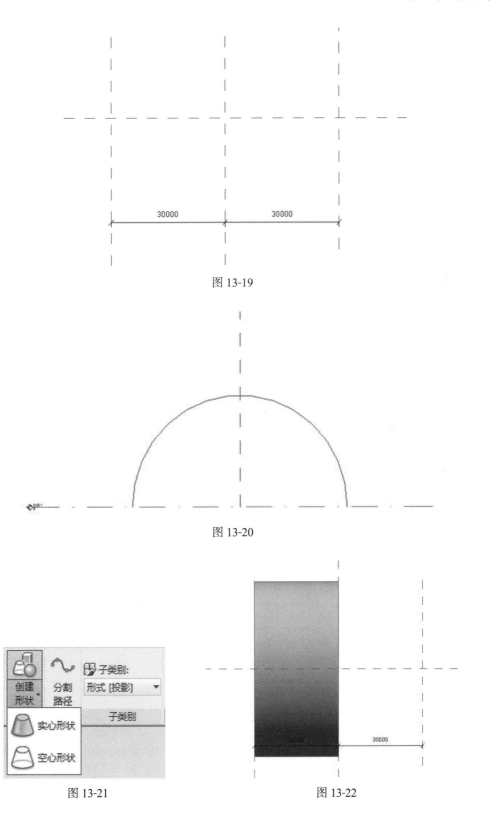

图 13-19

图 13-20

图 13-21　　　　　　　　　图 13-22

（2）单击选择拱形造型，在"形状图元"面板中选择"透视"选项，造型将呈现透视显示模式，显示所有的控制线与控制点（图13-23）。在"形状图元"面板中选择"添加轮廓"选项，在拱形造型中部添加一条控制线，如图13-24所示。选中添加的控制线，拖动控制图标，进行缩放控制（图13-25），拱形造型变为两端大中间小的形状（图13-26）。

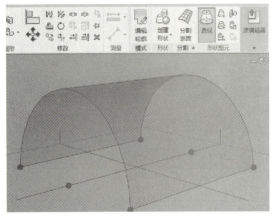

图 13-23

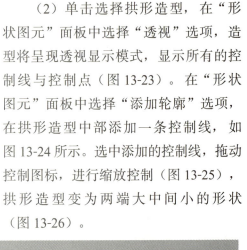

图 13-25

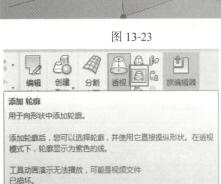

图 13-24

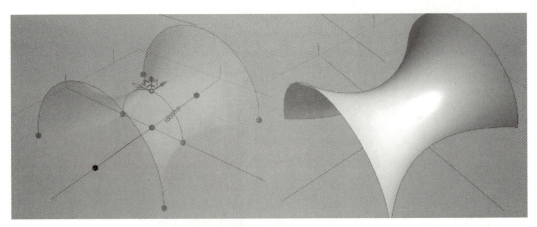

图 13-26

（3）再次选择拱形造型一端的边界线，设置好工作平面，绘制圆形参照线（图13-27），选中圆形参照线与此端的边界线段，在"形状"面板"创建形状"下拉列表中选择"实心形状"选项，可生成拱形圆形造型（图13-28）。

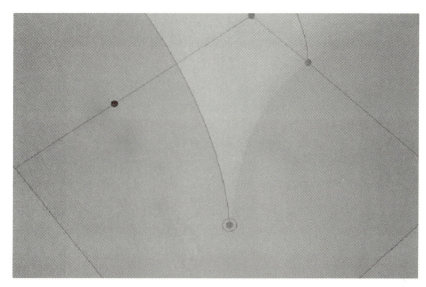

图 13-27

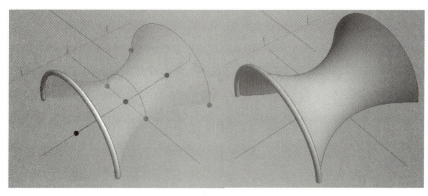

图 13-28

（4）下面对曲面进行有理化表面，分割曲面。单击选择曲面造型，单击"分割表面"按钮（图 13-29），设置"U""V"网格参数（图 13-30）。用户可通过单击"表面表示"→"表面"命令查看网格设置情况（图 13-31 和图 13-32）。

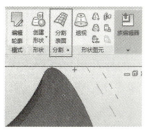

图 13-29

图 13-30

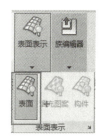

图 13-31

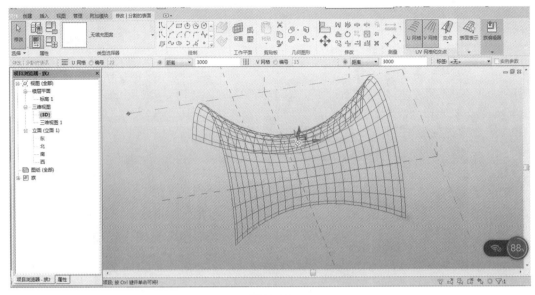

图 13-32

13.4 体量研究

体量研究

在 Revit 软件中，使用体量楼层划分体量，可以在项目中定义的每个标高处创建楼层。体量楼层在图形中显示为一个在已定义标高处穿过体量的切面。体量楼层提供了有关切面上方体量直至下一个切面或体量顶部之间尺寸标注的几何图形信息，可以通过创建体量楼层明细表进行建筑设计的统计分析。

13.4.1 创建体量楼层

新建项目文件，进入立面视图创建标高（图 13-33），内建体量或者将创建好的体量族放置到标高 1（图 13-34）。

单击选择项目中的体量，在"修改｜体量"上下文选项卡"模型"面板中单击"体量楼层"按钮，在弹出的"体量楼层"对话框中将列出项目的标高名称（图 13-35），勾选所有标高并单击"确定"按钮，Revit 系统将在体量与标高交叉位置自动生成楼层面，如图 13-36 所示。

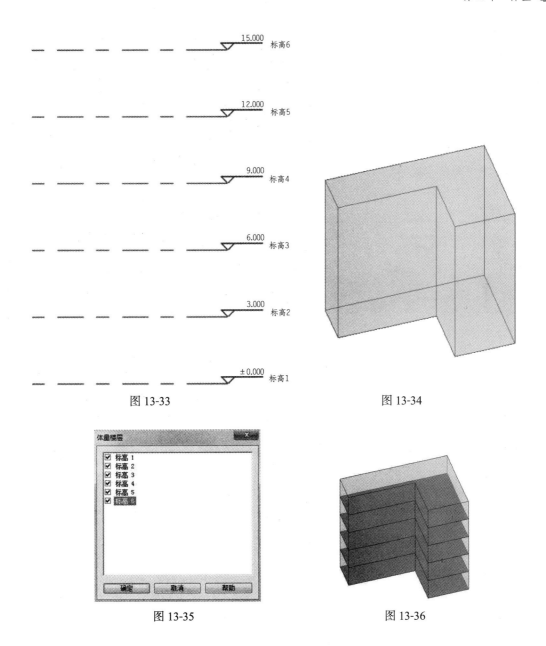

图 13-33　　　　　　　　图 13-34

图 13-35　　　　　　　　图 13-36

13.4.2　体量楼层明细表

在创建体量楼层后，用户还可以创建这些体量楼层的明细表，进行面积、体积、周长等设计信息的统计。如果修改体量的形状，体量楼层明细表也会随之更新，以反映该变化。

在"视图"选项卡"创建"面板"明细表"下拉列表中选择"明细表/数量"选项，在弹出的"新建明细表"对话框中，"类别"选择"体量楼层"，并勾选"建筑构件明细表"，单击"确定"按钮，如图 13-37 所示。

在弹出的"明细表属性"对话框"字段"选项卡中选择需要的字段,如图 13-38 所示,使用其他选项卡指定明细表过滤、排序和格式的设置,最后单击"确定"按钮,该明细表将显示在绘图区域中,如图 13-39 所示。

图 13-37

图 13-38

A	B	C	D	E
标高	楼层体积	楼层周长	楼层面积	外表面积
标高 1	266.76	48800	88.92	146.40
标高 2	266.76	48800	88.92	146.40
标高 3	266.76	48800	88.92	146.40
标高 4	266.76	48800	88.92	146.40
标高 5	266.76	48800	88.92	235.32

〈体量楼层明细表〉

图 13-39

13.4.3 面模型应用

完成概念体量模型后,可以通过"面模型"工具拾取体量模型的表面生成幕墙、墙体、楼板和屋顶等建筑构件。

1. 面楼板

切换至三维视图,在"体量和场地"选项卡"面模型"面板中选择"楼板"工具,如图 13-40 所示,在"属性"面板中选择楼板类型为"常规—150mm",在绘图区域单击体量楼层,或直接框选体量,自动切换至"修改│放置面楼板"上下文选项卡,在"多重选择"面板中选择"创建楼板"工具,如图 13-41 所示,所有被框选的楼层将自动生成"常规—150mm"的实体楼板。

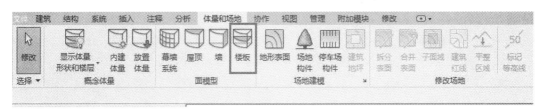

图 13-40

图 13-41

2. 面屋顶

切换至三维视图,在"体量与场地"选项卡"面模型"面板中选择"屋顶"工具,在绘图区域单击体量的顶面,在"属性"面板中选择屋顶类型为"常规—400mm",再在"修改|放置面屋顶"上下文选项卡"多重选择"面板中选择"创建屋顶"工具,顶面添加屋顶实体,如图 13-42 所示。

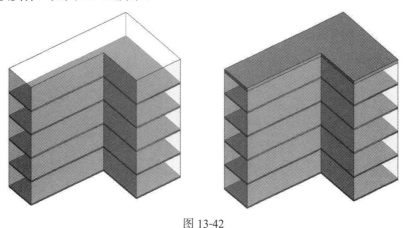

图 13-42

3. 面幕墙系统

切换至三维视图,在"体量和场地"选项卡"面模型"面板中选择"幕墙系统"工具,在"属性"面板中选择"幕墙",并设置网格和竖梃的规格等参数属性,如图 13-43 所示,在绘图区域依次单击需要创建幕墙系统的面,再在"修改|放置面幕墙系统"上下文选项卡"多重选择"面板中选择"创建系统"工具,即在选择的面上创建幕墙系统,如图 13-44 所示。

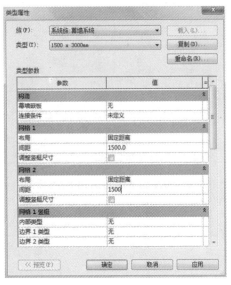

图 13-43

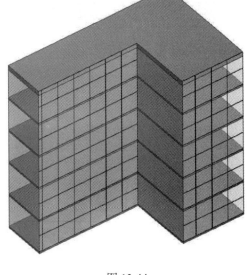

图 13-44

4. 面墙

切换至三维视图,在"体量和场地"选项卡"面模型"面板中选择"墙"工具,只要在绘图区域单击需要创建墙体的面,即可生成面墙,如图 13-45 所示。

图 13-45

有理化表面、手动放置自适应填充图案

13.5 有理化表面、手动放置自适应填充图案

(1)单击"文件"选项卡,在下拉列表中选择"新建"→"概念体量"命令,在弹出的"新概念体量—选择样板文件"对话框中选择"公制体量"

族文件。在项目浏览器中将视图切换至"楼层平面:标高 1"视图平面,绘制矩形参照线(图 13-46),这个矩形将作为造型面的原始背景,此后所有命令都依据此矩形完成,可对矩形长宽定义标注,以适应参数变化的需要。

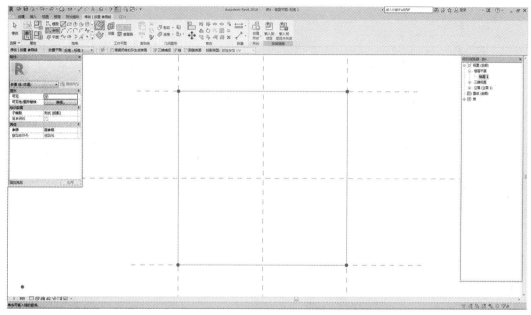

图 13-46

单击选择矩形,在"形状"面板"创建形状"下拉列表中选择"实心形状"选项(图 13-47)。

在弹出的两个图标中选择右侧的图标,创建面形状(图 13-48)。图 13-48 中,左侧按钮为创建立方体,右侧按钮为创建面。

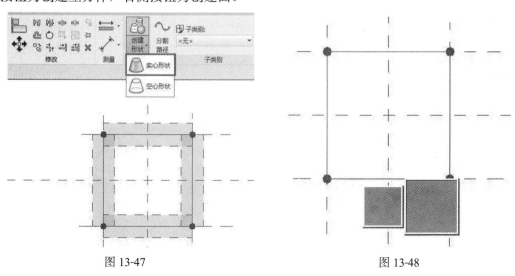

图 13-47　　　　　　　　　　　　　图 13-48

单击选择面,在"分割"面板中选择"分割表面"命令(图13-49),自动切换至"修改 | 分割的表面"上下文选项卡,设置U、V网格参数,可先将U、V网格参数均设为1。

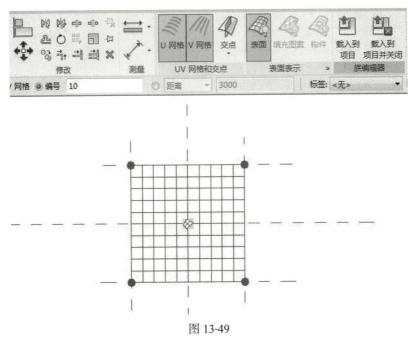

图13-49

如图13-50所示,打开"表面表示"对话框,在"表面"选项卡中勾选"节点"选项,单击"确定"按钮退出对话框,绘制效果如图13-51所示。

再绘制参照线,选择原先绘制的矩形面形状,如图13-52所示。

在"UV网格和交点"面板"交点"下拉列表中选择"交点"选项,再次选择所有线条,确认完成(图13-53),所有交叉点处于选择标记状态。这一点很重要,这次创建的矩形面与前述绘制的斜线及交叉点标记后,在后面创建载入的自适应图形会自动捕捉,生成相应的造型,如图13-54和图13-55所示。

图13-50

第13章 体量

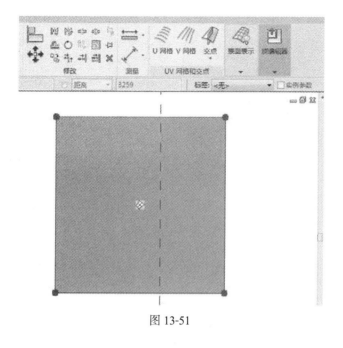

图 13-51

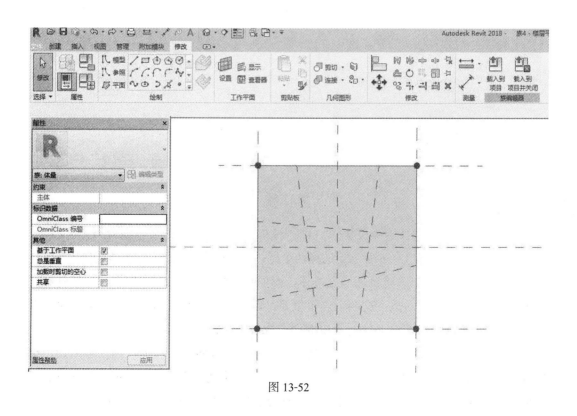

图 13-52

299

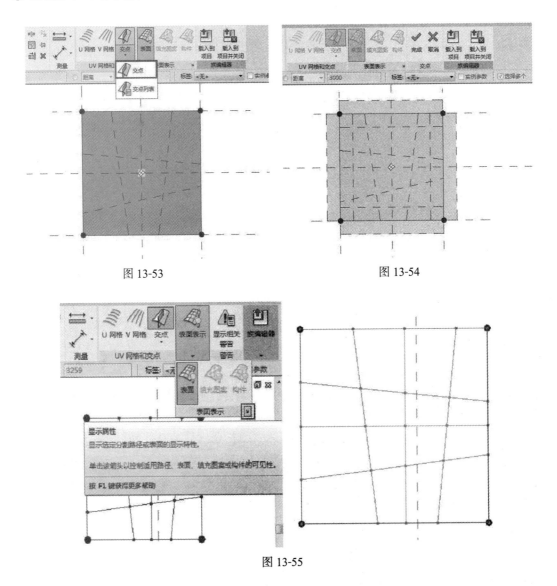

图 13-53　　　　　　　　　　　　　　图 13-54

图 13-55

（2）创建新族，选择族样板文件"自适应公制常规模型"。切换至"参照标高"视图，绘制四个参照点，如图 13-56 所示。选择四个点，在"修改｜参照点"上下文选项卡"自适应构件"面板中单击"使自适应"按钮，参照点上将会分别出现 1、2、3、4 的标记（图 13-57）。应注意的是，这四个点很重要，以后生成的所有图元都将自动参照这四个自适应点。即使载入到项目中也是以此四点为参照生成图元。

（3）绘制参照线，在选项栏中勾选"链"和"三维捕捉"选项。应注意的是，绘制线时必须勾选"三维捕捉"选项，只有勾选了"三维捕捉"，点连成的线才能具有自适应功能，如图 13-58 所示。再在参照线上任意绘制一个参照点（图 13-59），这一点没有要求，只要在参照线上任意一点即可。

第13章 体量

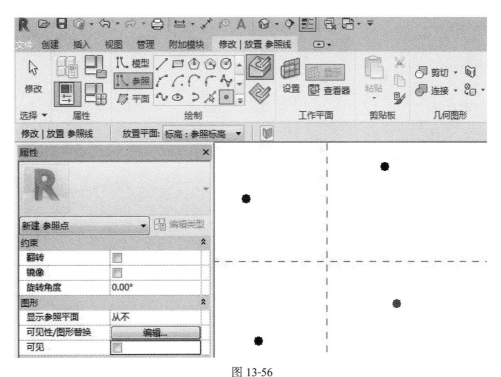

图 13-56

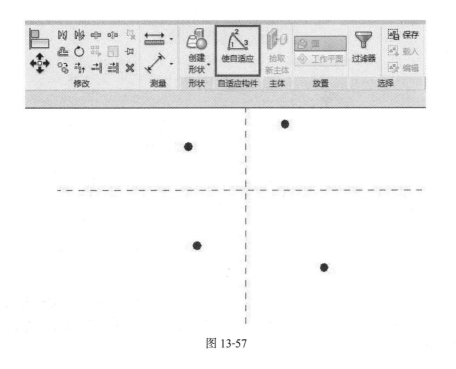

图 13-57

301

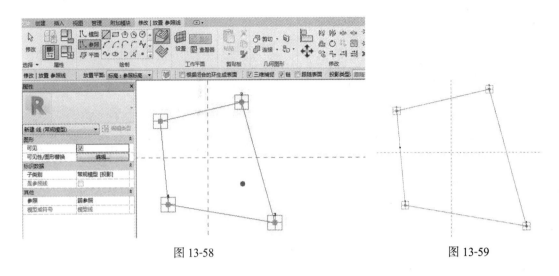

图 13-58　　　　　　　　　　　图 13-59

（4）切换至三维视图，设置参照点所在的平面为工作平面，绘制矩形（图 13-60）。在"修改"面板选择相应的工具，移动参照矩形至合适位置，如图 13-61 所示。

图 13-60

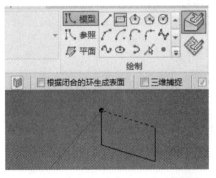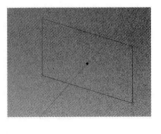

图 13-61

（5）选择矩形和四个自适应点之间的参照线，在"形状"面板"创建形状"下拉列表中选择"实心形状"选项（图 13-62）。选择矩形与四条参照线是为了生成多边形造型框，生成造型框如图 13-63 所示。

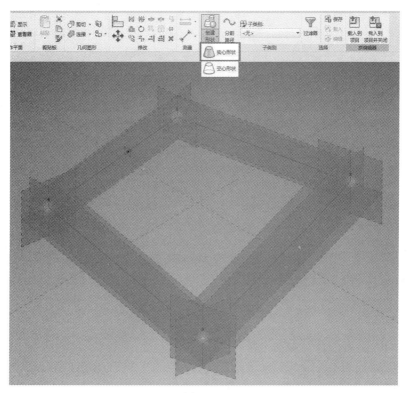

图 13-62

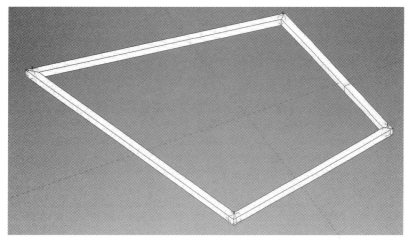

图 13-63

（6）按住 <Ctrl> 键选择造型的四条下边线及原先生成的四条边界线，在"形状"面板"创建形状"下拉列表中选择"实心形状"选项（图 13-64），选择弹出的右侧图标（图 13-65），生成面形状，如图 13-66 所示。至此，造型创建完成。保存族，并载入到项目中。

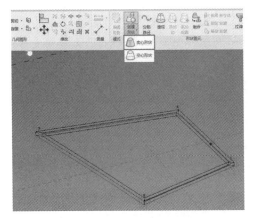
图 13-64

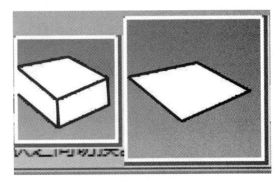
图 13-65

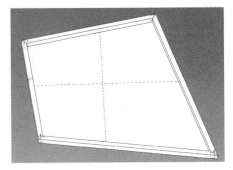
图 13-66

（7）注意：仅当选择图元为表面填充图案图元时，"修改"面板中的"重复"（图 13-67）命令才被激活。选中图元，按住 <Ctrl> 键单击"重复"命令（图 13-68、图 13-69）。如果想要改变造型的参数，绘制参照线对齐锁定并定义长宽参数即可。另外，在创建"自适应公制常规模型"族时可赋予分隔框线条材质与面板材质，载入到项目后就有材质了。

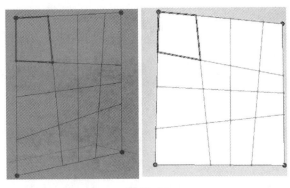
图 13-67

第13章 体量

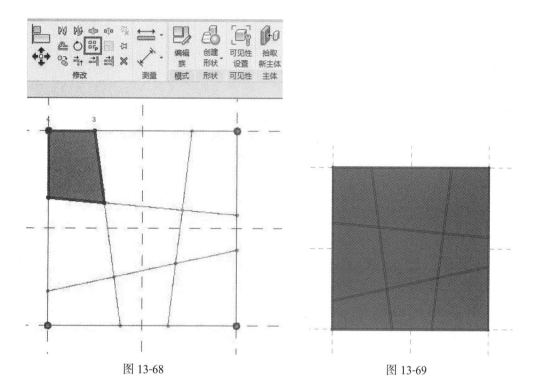

图 13-68   图 13-69

参 考 文 献

郭志强，张倩，2018．BIM装饰专业操作实务［M］．北京：中国建筑工业出版社．
胡煜超，2018．Revit建筑建模与室内设计基础［M］．北京：机械工业出版社．
王婷，应宇垦，2017．全国BIM技能实操系列教程 Revit 2015 初级［M］．北京：中国电力出版社．

附录　Revit 常用快捷键

序号	快捷键	名称	序号	快捷键	名称
1	MD	修改	29	SF	拆分面
2	LI	模型线	30	WA	墙：建筑
3	CM	放置构件	31	DR	门
4	GP	创建组	32	WN	窗
5	RP	参照平面	33	CL	柱：结构柱
6	DI	对齐尺寸标注	34	RM	房间
7	TX	文字	35	RT	标记房间
8	FR	查找替换	36	GR	轴网
9	VV	可见性	37	DL	详图线
10	TL	细线	38	TG	按类别标记
11	WC	层叠窗口	39	EH	在视图中隐藏图元
12	WT	平铺窗口	40	VH	在视图中隐藏类别
13	SF	拆分面	41	JY	偏移：Y 轴偏移
14	AL	对齐	42	JZ	偏移：Z 轴偏移
15	MV	移动	43	EG	编辑组
16	OF	偏移	44	UG	解组
17	CO	复制	45	EW	编辑尺寸界线
18	MM	镜像—拾取轴	46	EU	取消隐藏图元
19	RO	旋转	47	VU	取消隐藏类别
20	DM	镜像—绘制轴	48	RH	切换显示隐藏图元模式
21	TR	修剪/延伸为角	49	SO	关闭捕捉
22	SL	拆分图元	50	HL	隐藏线
23	AR	阵列	51	HI	隔离图元
24	RE	缩放	52	IC	隔离类别
25	UP	解锁	53	SM	中点
26	PN	锁定	54	SC	中心
27	DE	删除	55	WF	线框
28	LL	标高	56	RC	重复上一个命令

续表

序号	快捷键	名称	序号	快捷键	名称
57	HR	重设临时隐藏/隔离	68	SP	垂足
58	PC	捕捉到点云	69	SW	工作平面网格
59	SD	带边缘着色	70	ST	切点
60	SX	点	71	RR	渲染
61	SA	选择全部实例	72	AP	添加到组
62	ZS	缩放图纸大小	73	RG	从组中删除
63	MP	移动到项目	74	FG	完成
64	HH	隐藏图元	75	CG	取消
65	HC	隐藏类别	76	SE	端点
66	SI	交点	77	EL	高程点
67	SN	最近点	78	PT	填色